JN214383

薬学生のための基礎生物

武庫川女子大学薬学部特任教授　中　林　利　克　編著
武庫川女子大学名誉教授　　吉　田　雄　三

東京　廣川書店　発行

———————— **執筆者一覧**（五十音順）————————

五十鈴川和人	横浜薬科大学薬学部教授
石 嶋 康 史	鈴鹿医療科学大学薬学部准教授
大 島 光 宏	奥羽大学薬学部教授
木 村 道 夫	元日本薬科大学薬学部准教授
小 林 俊 亮	日本大学薬学部教授
近 藤 朋 子	北海道医療大学薬学部准教授
白 石 昌 彦	国際医療福祉大学薬学部教授
中 林 利 克	武庫川女子大学薬学部特任教授
三 浦 健	武庫川女子大学薬学部講師
水 野 英 哉	武庫川女子大学薬学部准教授
矢 上 達 郎	姫路獨協大学薬学部教授
山 田 修 平	名城大学薬学部教授
吉 田 雄 三	武庫川女子大学名誉教授

薬学生のための基礎生物

編 著	中 林 利 克 吉 田 雄 三	平成31年3月28日 初版発行 © 令和3年3月1日 初版 2刷 発行

発 行 所 株式会社 廣 川 書 店

〒113-0033 東京都文京区本郷3丁目27番14号

電話 03（3815）3651　FAX 03（3815）3650

まえがき

　薬学部薬学科では，"臨床に関わる実践的な能力を培うことを主たる目的（学校教育法第87条②）"とする6年間の一貫した学部教育によって，"医療におけるくすりの専門家である薬剤師"を育成することを主たる目的としています．薬剤師には，医薬品と生命との相互作用の仕組みを深く理解し，医薬品の有効性と安全性を医師をはじめとする医療スタッフに説明できる，薬物療法のリーダーとなることが求められています．そのために必須となる知識は，"医薬品は化学物質である"という事実を念頭に置き，医薬品の化学的性質とともに，医薬品が作用する対象であるヒトの生命機能を化学の視点で理解していることです．このため，薬学部の専門教育カリキュラムには，"ヒトの生命機能を化学の視点で理解して説明できる"能力を養うことを目的とする科目が多数含まれています（☞「まえがき」末尾の**薬学教育モデル・コアカリキュラムのC6，C7(2)，C8(2)(3)** の各項目など）．このように，"医療におけるくすりの専門家である薬剤師"となることを目指す薬学部薬学科で生物系科目を学ぶ目的は「生物学」という言葉や，高校で学んだ「生物」の内容から連想されるものとはやや異なり，くすりの働きを考えるために必要な"生命機能の化学的な仕組み"を理解することが中核となっているのです．

＊

　本書は，薬剤師を目指して薬学部で学び始めた皆さんが，生物系薬学専門科目の学びに向けた基礎を固める1年前期の"準備教育"のテキストに使用することを想定し，"薬学部に入学できる化学の知識"があれば，高校で「生物」を履修していなくても薬学の生命科学関連科目を学ぶ基礎を理解できるようになることを目指して編集しています．このため，本書では生命科学全般を網羅したダイジェスト的内容とすることを避けるとともに，一般的な生物学入門書や「薬学教育モデル・コアカリキュラム」の「薬学準備教育ガイドライン（6）薬学の基礎としての生物」の項目編成ともやや異なる構成としています．

　第1章では，生物の基本的な定義と医薬品を投与する対象であるヒトの個体が細胞を基礎とする階層構造を持つことを理解し，医薬品は細胞内で働いている生命機能に対して化学的な影響を与えてその効果を発揮することに気づき，第2章で医薬品が作用を発揮する場である細胞の構造と機能の概要を理解します．第3章では，生命機能の化学的な仕組みを考える第一段階として，生命の環境であり，生体内反応の溶媒となる水の性質と役割の意義を確認し，第4章では，生命の基盤となる物質であるタンパク質の化学的特徴の概要を学びます．これらによって，生命活動が水のある環境におけるタンパク質の化学的な多様性の上に成り立っていることと，それぞれの生物が様々な自己のタンパク質を持っていることが生命を支える基盤であることに気づきます．これを受けて第5章では，自己のタンパク質を正しく作るための情報（タンパク質の設計図＝遺伝子）を記録したものがゲノムであり，それを記録する媒体がDNAという物質であることを理解します．そして，DNAに記録された情報によって自己のタンパク質を正確に作ることができる化学的な仕組みの概要を学び，"DNAが持つ遺伝子の情報で自己のタンパク質を作る"ことの化学的な仕組みの本質を理解します．続く第6章では，DNAに記録されている遺伝情報を次の世代に正確に伝えて新しい個体を作り出す基本的な仕組みの概要を学び，ヒトを含む二倍体生物が多様化できる仕組みに気づきます．第7〜9章は生命活動に必要なエネルギーを生み出す仕

組みが，化学反応であることを認識することを目指すひと続きの内容になっています．すなわち，第7章で生命のエネルギー源として重要な糖質と脂質の化学的な性質の概要を学び，第8章では，生体内の化学反応がタンパク質の特性を生かした触媒である酵素によって制御されていることと，生体内での化学変化が複数の化学反応が順次整然と進む代謝経路によって行われていることを理解します．それらを基にして第9章では，生命活動に必要なエネルギーを得る仕組みの概要を学び，生命機能が酵素によって進められる代謝経路の化学反応によって支えられていることと，それを可能にしている酵素の働きを理解します．以上の章で学んだ内容は，細胞のレベルにおける生命機能に関わる問題でしたが，第10章では，ヒトを含む動物が個体としての活動を行うために不可欠となる器官や組織の働きの調節に関わる体内情報伝達も様々な化学的な仕組みによって行われていることを学びます．そして，結びとなる第11章では，典型的な疾患の治療に頻用されている医薬品を例にして，それらの作用と生命の化学的な仕組みとの関連性を紹介します．これによって，医薬品の作用を理解するために，生命の化学的な仕組みに関する知識の必要性に気づきます．

＊

　"マージン"には，本文の内容に対する注記と参考事項を記載しています．それらの内容を参考にして，本文の内容への理解をより深めてください．

　"コラム"には，その項で学んだ内容の関係する発展的な知識を紹介しています．コラムの記事は，1年生の段階では理解することが必須な内容ではありませんが，知識を広げるために読んでおくことが望まれます．

＊

　はじめに述べたように，本書は，薬学を学び始める皆さんが"化学物質である医薬品が作用する対象"であるヒトの機能を化学の視点で理解することが必要であることに気づき，「薬学教育モデル・コアカリキュラム」(C6 ～ C8) に準拠した生物系専門科目を学ぶため基盤となる考え方を身につけることを目指しています．このため，本書では本文中やマージン記事に (☞ ○○についての具体的な内容は，**薬学教育モデル・コアカリキュラム・・・**に準拠した専門科目で学ぶ) などと注記しています．それらの注記によって，本書で学んだ知識が専門科目とどのようにつながり，どのように発展して行くかに気づいてください．

　本書は"生命とは？"という問題を考える「生物学」の入門書ではなく，ここで学んだことで"生命"や"生物"を理解できるものではないことにも気づいてください．"人間の命と健康"に関わる専門家となることを目指す皆さんには，"生命"について広く学ばねばならないことが沢山ありますから，生命に対する倫理観とそれを裏付ける幅広い教養を身につけるために，薬学部で学ぶ専門科目だけでなく，一般向けに書かれた生命や生物に関する本を読み，幅広い視点からの生命や生物に対する教養も深めてください．

2019年2月

編　者

「薬学教育モデル・コアカリキュラム　C 薬学基礎」に含まれる生物系の項目と一般目標

C6 生命現象の基礎

　生命現象を細胞レベル，分子レベルで理解できるようになるために，生命体の最小単位である細胞の成り立ちや生命現象を担う分子に関する基本的事項を修得する．

　（1）細胞の構造と機能

　　細胞膜，細胞小器官，細胞骨格などの構造と機能に関する基本的事項を修得する．

　（2）生命現象を担う分子

　　生命現象を担う分子の構造，性質，役割に関する基本的事項を修得する．

　（3）生命活動を担うタンパク質

　　生命活動を担うタンパク質の構造，性質，機能，代謝に関する基本的事項を修得する．

　（4）生命情報を担う遺伝子

　　生命情報を担う遺伝子の複製，発現と，それらの制御に関する基本的事項を修得する．

　（5）生体エネルギーと生命活動を支える代謝系

　　生体エネルギーの産生，貯蔵，利用，およびこれらを担う糖質，脂質，タンパク質，核酸の代謝に関する基本的事項を修得する．

　（6）細胞間コミュニケーションと細胞内情報伝達

　　細胞間コミュニケーションおよび細胞内情報伝達の方法と役割に関する基本的事項を修得する．

　（7）細胞の分裂と死

　　細胞周期と分裂，細胞死に関する基本的事項を修得する．

C7 人体の成り立ちと生体機能の調節

　人体の成り立ちを個体，器官，細胞の各レベルで理解できるようになるために，人体の構造，機能，調節に関する基本的事項を修得する．

　（1）人体の成り立ち

　　遺伝，発生，および各器官の構造と機能に関する基本的事項を修得する．

　（2）生体機能の調節

　　生体の維持に関わる情報ネットワークを担う代表的な情報伝達物質の種類，作用発現機構に関する基本的事項を修得する．

C8 生体防御と微生物

　生体の恒常性が崩れたときに生ずる変化を理解できるようになるために，免疫反応による生体防御機構とその破綻，および代表的な病原微生物に関する基本的事項を修得する．

　（1）身体をまもる

　　ヒトの主な生体防御反応としての免疫応答に関する基本的事項を修得する．

　（2）免疫系の制御とその破綻・免疫系の応用

　　免疫応答の制御とその破綻，および免疫反応の臨床応用に関する基本的事項を修得する．

　（3）微生物の基本

　　微生物の分類，構造，生活環などに関する基本的事項を修得する．

　（4）病原体としての微生物

　　ヒトと微生物の関わりおよび病原微生物に関する基本的事項を修得する．

目　次

第 **1** 章

は じ め に

本章では，薬学における生物系の学習を始めるに当たって，生命の基本的な定義を確認し，人体が細胞を基礎とする階層構造を持つこと，生命活動の実体は細胞内で起こる化学反応で，薬は細胞内の化学反応に影響して効果を発揮していることなどに気づく．

1.1　生物の特徴

私達は誰でも，生きている物とそれ以外の物とを見分けることができる．これは，私達が成長過程で得た経験的な知識に基づく能力である．しかし，生物を自然科学の対象とするためには，"生物"と"それ以外のもの"とを科学的，客観的な根拠に基づいて明確に区別することが必要になる．

1.1.1　生物の共通性〜生物であることの必要条件

動物のイヌと樹木のスギとの間に目に見える共通点はないが，私達は両者をともに"生物"であると認めている．その一方，杉林に生育しているスギの幹と製材した杉の柱との間には物質としての本質的な違いはないが，私達は前者を"生物"，後者を木材という"物体"として区別している．この例で気づくように，私達が"生物"と"それ以外の物"とを区別している経験的な基準は，対象物が"生きている"ということである．それでは，私達が"生きている"と判断する根拠は何であろうか．花壇に咲いているバラの花を"生きている"とすることに疑問を感じる人はいないが，花瓶に挿した切り花のバラを"生きている"とすることには賛否両論があるだろう．このように，"生きている"ことを判断するために私達が何気なく使っている基準には，客観的とはいえない要素が含まれている．したがって，生物を自然科学の対象として考えるためには，"生物"を"それ以外の物"から区別する客観的な基準を明確にしておく必要がある．次の2つ

の例を使って，"生物であることの必要条件"を考えてみよう．

　動物は，① 栄養を求めて摂食活動を続けて自らの命を保つとともに，② 配偶者を見つけて繁殖活動を行って自分と同じ子孫を増やしている．動物は，これら2つの活動を併せて行うことによって，種として繁殖している．

　微生物は，① 付着している食品などを分解して栄養を得て自らの命を保つとともに，② 細胞分裂を繰り返してその数を増やしている．これらの活動によって微生物が繁殖したことで食品の腐敗が起きる．

　これら2つの例から気づくことは，形や生き方が極端に異なる動物と微生物でも，① 栄養を摂取して自らの命を保ち，② 自らと同じ子孫を残すという点では共通していることである．生物学では，上記の ① を**自己保存**，② を**自己複製**（あるいは自己増殖）と呼んでおり，これら2つの能力を兼ね備えていることが生物であることの必要条件だとしている．生物はまた，**細胞 cell**（☞ 第2章）という構造によって自己を周囲の環境から隔離しており，この構造が壊れると自己と環境との区分が失われて生命機能が保てなくなる．したがって，"細胞という構造を持っていること"も生物であることの必要条件となる（図1.1）．

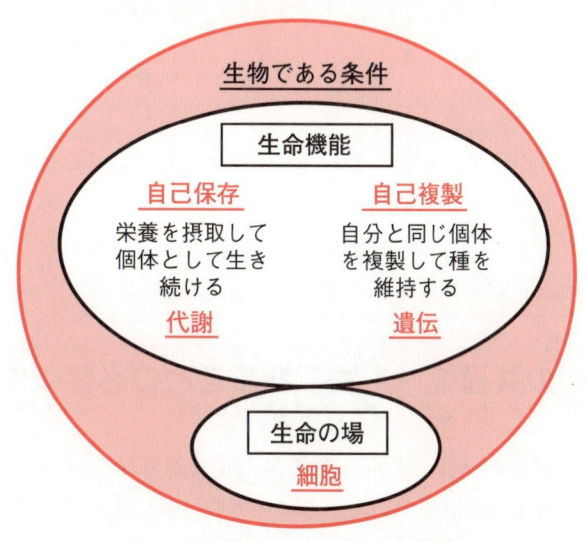

図 1.1　生物である条件の概念図

　自己保存に必須な生命活動は，摂取した栄養素を適切に処理して活動に必要なエネルギーと個体を構築する素材を確保する**代謝 metabolism**（☞ 第8，9章）である．一方，自己複製に必須な生命活動は，形質を記録した情報である**ゲノム genome**[注1]を正確に複製して子孫に伝える**遺伝 heredity**（☞ 第5章）である．これら2つの活動を行う基本的な仕組みはすべての生物に共通している．

　ウイルス virus は，形質を記録したゲノムや感染に必要なタンパク質は持っているが，① 自己保存に必須な代謝の仕組み，② ゲノムを複製する能力，③ 細胞としての機能を満たす構造は持っていない．このためウイルスは，生きている

生物に寄生しなければ自己保存と自己複製ができず，"生物であることの必要条件"を満たさない存在である．（☞ ウイルスの病原性や遺伝子操作への応用については，薬学教育モデル・コアカリキュラム C8(3)③, (4)②, C6(4)⑥ に準拠した専門科目で詳しく学ぶ．)

1.1.2　生物の多様性と分類

地球上には単細胞の細菌から多細胞で複雑な構造を持つ哺乳動物まで，大きさや形などが異なる様々な生物が存在する．多様な生物を体系的に分類する方法や基準を学ぶことは生物学の重要な課題ではあるが，ここでは薬学の基礎知識として必須となる，生物の系統的分類の概要だけを紹介にする．

生物の異同は形態的な特徴などによって区別され，基本となる区分は種 species と定義されている．種は自己複製が繰り返されたことによって生じた生物集団であり，種の異なる個体間で有性生殖による子孫をつくること（交雑）が自然に起きることは極めて少ない．地球上に存在する生物には，これまでに記録されてきたものだけで 100 万を超える種があり，未発見のものを含めた種の総数は 1 億に達するであろうとされている．

生物は，細胞の構造に基づいて真核生物 eukaryote と原核生物 prokaryote に二分される（☞ 第 2 章）．また，原核生物には，地球上の一般的な環境に生息するものと，温度や圧力が著しく高い極限環境に生息するものとが存在する．これらの事実に基づいて，生物は基本的に，真核生物群，真正細菌群（普通の環境に生息する原核生物），古細菌群（極限環境で生息する原核生物）注2) の三大生物群に分けられる．しかし，私達が肉眼で見ることができる生物のすべてが真核生物群に属するため，一般的に広く用いられている分類法である五界分類では，生物を基本的に，植物界，菌界，動物界，原生生物界，モネラ界に別けている（表 1.1）．

生物の体系的な分類では，五界分類による界 Kingdom を最上位の階層とし，その下に順次，門 Phylum, 綱 Class, 目 Order, 科 Family, 属 Genus, 種 Species を設けている．また，必要に応じて上記の各階層の中を細分する上科（Superfamily), 亜科（Subfamily) のような階層も設けている．すべての生物にはこの分類体系に基づく系統的な命名がなされているが，個々の生物種を記述する際には，属名と種名とを組み合わせた二名法による学名（例えば，ヒトは *Homo sapiens*, 大腸菌は *Escherichia coli*) を用いることになっている．（☞ 薬学教育モデル・コアカリキュラム C5 および C8(3)(4) に準拠する薬学専門科目で薬用植物や病原体を学ぶ際に，二名法による学名の基礎知識が必要になる．)

注2) 古細菌は，高温，高圧，高塩濃度，無酸素などといった極限環境で生存しており，それらが原始地球に想定されている環境に近いことから，生命進化の初期から生存し続けたてきたものではないかと考えられ，"古細菌"という名称が与えられた．しかし今日では，古細菌群は，細胞膜の構造，タンパク質の温度特性などを変えることで極限環境に適応した生物群であり，原始生物の名残ではないと考えられている．

表 1.1　三大生物群と五界の関係

生物群	界	含まれる生物の例
真核生物群	動物界	哺乳動物，鳥，魚，昆虫など
	植物界	種子植物，シダ，コケ，藻類など
	菌界	カビ，キノコなど分化程度の低い多細胞真核生物
	原生生物界	酵母，ゾウリムシ，ミドリムシなど，単細胞真核生物
真正細菌群	モネラ界（原核生物）	地球上の一般的な環境に生息する原核生物
古細菌群		好熱菌，好塩菌など極限環境に生息する原核生物

1.1.3　多様性を生み出した生物の進化

　地球上に見られるすべての生物は，共通した祖先である始原生物に由来すると考えられている．そこで，すべての生物の細胞に共通して存在するリボゾームRNA（☞ 第2章，第5章）の類似性を指標にして，生物種間の類縁関係が推測されている．図1.2は，この結果を基にして代表的な生物の類縁関係を定性的に表したものである．この図から気づくことは，生物はその発生からの時間経過に伴って枝分かれを繰り返し，様々な種に多様化してきたということである．このような形で生物が多様化したのは，生物の進化 evolution の結果であり，進化は突然変異 mutation によって変化を生じた個体の機能が，生育環境に対する適応性によって選択されたことによるものであると考えられている[注3]．

注3) 生物進化は，ダーウィンによる自然選択を基礎にした進化理論と遺伝の法則とを組み合わせて説明されてきたが，ゲノムDNAの解析から得られる情報を加味した説明も試みられている．

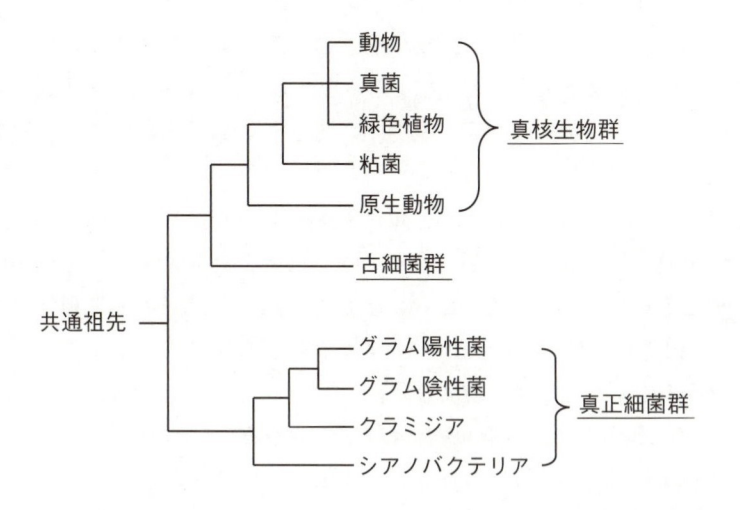

図 1.2　リボゾーム RNA の類似性から推定される代表的な生物の類縁関係

1.2 生物個体の階層構造

生物が，生物として活動できる単位は個体 individual である．多細胞生物の個体は単なる細胞の集合体ではなく，細胞を基礎に整然と構築された階層構造を持っている．

1.2.1 ヒトの個体の階層構造

ヒトの体を物理的に支えるという役割を持つ骨格は，頭蓋骨から足の指の骨に至る多様な骨で構成されている（図1.3）．骨格を構成する個々の骨のように，決まった役割を担って個体を構成するパーツを器官 organ と呼び，複数の器官を組み合わせて構築されている上位の構造を器官系 organ system と呼んでいる．すなわち，骨格は骨という器官を組み合わせて構築した器官系（骨格系という）である．ヒトの個体には，骨格系の他，消化器系，循環器系，呼吸器系，泌尿器系，神経系など様々な器官系が存在する．（☞ ヒトの器官系，器官，組織については，薬学教育モデル・コアカリキュラム C7(1) に準拠する専門科目で詳しく学ぶ.）

骨の断面を拡大すると，同じ細胞（骨細胞）が同心円状に規則正しく並んでいる構造が観察される（図1.3）．このように，同じ細胞が多数集合して1つの機能を持つようになったものを組織 tissue と呼び，組織は器官の下位構造となっている．骨は比較的単純な構造の器官であるが，多くの器官は複数の組織を組み合わせた構造となっている[注4]．

以上をまとめると，動物の個体には階層構造があり，① 同じ性質の細胞が集合して組織が形成され，② 組織が組み合わさって器官が作られ，③ 機能的に同

注4）消化器官である小腸は，蠕動運動に必要な平滑筋（筋組織）と栄養物を吸収する絨毛（上皮組織）などが組み合わされた構造を持っている．ヒトの組織には，上記の筋組織，上皮組織の他，神経組織と結合組織があり，図1.3に示した骨の組織は結合組織である．

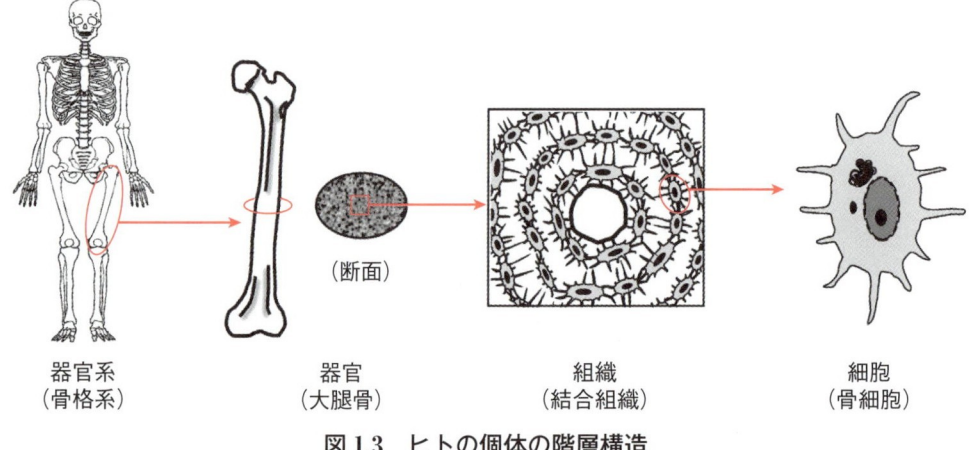

器官系 （骨格系） 　器官 （大腿骨） 　（断面） 　組織 （結合組織） 　細胞 （骨細胞）

図 1.3 ヒトの個体の階層構造

じ目的を持つ器官が組み合わさって器官系となり，④器官系を組み合わせることで個体が作られていることがわかる．

　生命の基本単位として個体の階層構造の最下層に位置する細胞は，内部構造としてオルガネラ（☞第2章）を持っている．また，細胞はタンパク質，糖質，脂質，核酸などの生体分子を素材として構築され，生体分子は，炭素原子でできた骨格に酸素，窒素，硫黄，水素などの原子が結合することで作られる有機分子である．この事実から，生命の基本単位である細胞は，原子を素材にして地球上で作り出された多彩な有機物質の階層構造の最上位に位置する存在であることに気づいてほしい．

1.2.2　医薬品が作用する階層

　診断と治療は，器官系や器官の階層を対象[注5]にしているが，薬物治療に用いる医薬品の作用対象となる階層は，基本的には細胞である．これは，化学物質である医薬品は，細胞に取り込まれ，細胞内の様々な生体分子と化学的な相互作用を起こすことによって薬効を発揮するからである．それ故，医療における医薬品の専門家である薬剤師は，"細胞における医薬品の働きを，化学物質である医薬品と生体物質との化学的な相互作用を基にして理解していること"が求められる．したがって，薬学の生物系専門科目は，医薬品の作用機構に関わる専門科目（☞薬学教育モデル・コアカリキュラムE(1)に準拠する専門科目群）を学ぶための基礎となる知識を修得するため，"医薬品が作用する階層である細胞が持つ基本的な機能を化学の視点に立って理解すること"を目的としている．

1.3　生命活動の本質は化学反応

　生命の基本単位である細胞が行う生命活動の本質は図1.4（次ページ）で表すことができる．すなわち，細胞は栄養として摂取したグルコースを酸化分解して生命活動のエネルギーを取り出し，アミノ酸から自己のタンパク質を作って細胞の構造と機能を維持しているが，それらはすべて化学反応によって行われている．

　私達は，食物としてデンプンを摂り，呼吸によって酸素を取り入れて二酸化炭素を排出するとともに，尿や汗などの形で水を捨てている．これは，生命活動に必要なエネルギーを得るために，食物中のデンプンをグルコースに変え，細胞内でグルコースの酸化反応（$C_6H_{12}O_6 + 6O_2 \rightarrow 6CO_2 + 6H_2O$）を絶え間なく行っているからである．このように，生命活動に必要なエネルギーはグルコースの酸化反応から得ている．生物は，この酸化反応で放出されるエネルギーを熱ではなく生命活動が利用できる化学エネルギーとして取り出すため，細胞内で多数の

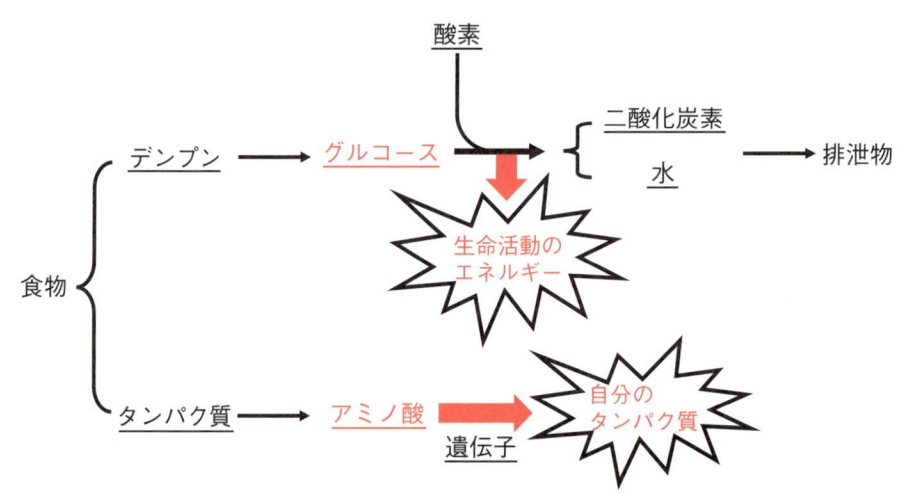

図 1.4　細胞がエネルギーを得る仕組みと自分のタンパク質を作る仕組みの概要

化学反応を連続させて段階的に進めるエネルギー代謝系（☞ 第 9 章）によって，グルコースを二酸化炭素と水に変えている．

　生命の基盤となる物質はタンパク質であり，生物はそれぞれに固有のタンパク質で自分の体を構築している．したがって，生物はすべてのタンパク質をアミノ酸から新規に合成しなければならず，"自分のタンパク質"の情報を遺伝子として保持し，その情報に基づいて正しい構造を持つ自分のタンパク質を合成している．すなわち，生物体を構築する基盤は，個々の細胞が遺伝子の情報に基づいて"自分のタンパク質"を正確に合成する化学反応（☞ 第 5 章）である．

　このように，生命活動の本質は細胞内で行われる化学反応であり，多くの薬は細胞内でそれらの化学反応に影響を与えることでその効果を発揮している．

1.4　薬は細胞内の化学反応に影響を与えることでその効果を発揮する

　医薬品が，細胞内の化学反応に影響を与えて薬効を発揮していることのわかりやすい例は，抗炎症薬の作用である．

　炎症は組織に有害な刺激が与えられた際に起きる局所的な生体防御反応で，痛み，発赤，発熱，腫脹などを伴う．これらの症状は，感染や傷害などの刺激が細胞に加えられると，細胞膜のリン脂質（☞ 第 2 章，7 章）が分解されてアラキドン酸と呼ばれる脂肪酸が遊離され，図 1.5 の過程で様々なプロスタグランジン（PG）類に変換され，PGE_2 と PGI_2 が周辺の組織に作用して炎症を起こす．このように，炎症はアラキドン酸の遊離に始まる一連の化学反応で PG 類が産生されることによって惹き起こされている．（☞ 炎症についての詳しい知識は，**薬学教育モデル・コアカリキュラム C8(2), E2(2)　で学ぶ.**）

ステロイド系抗炎症薬は PG 類の原料になるアラキドン酸がリン脂質から遊離される過程を抑え，非ステロイド系抗炎症薬はアラキドン酸を PG 類に変換する反応を止めている（図 1.5）．このように，抗炎症薬は PG 類を作る化学反応を阻害することで薬効を発揮している[注6]．（☞ 抗炎症薬の作用機構については，<u>薬学教育モデル・コアカリキュラム E2(2)① に準拠した専門科目で学ぶ．</u>）

この例からわかるように，薬効は細胞内の化学反応や生体分子に影響を与えることで発揮されている．したがって，医薬品の作用機構を理解して有効，安全に使用するためにも，新しい医薬品を理論的な方法で開発するためにも，生命機能を化学の視点にたって理解することが重要である．

注6）非ステロイド系抗炎症薬は，アラキドン酸を PGG_2 に変える酵素を直接阻害して PG 類の産生を特異的に抑えているが，ステロイド系抗炎症薬はリン脂質からアラキドン酸を遊離させる酵素の量を減らして PG 類の産生を間接的に押さえている．このように，見かけ上同じ薬効を持つが作用の仕組みを異にしている場合は，見かけの薬効とともにその作用の仕組みに対する知識を持っていることが必要になる．

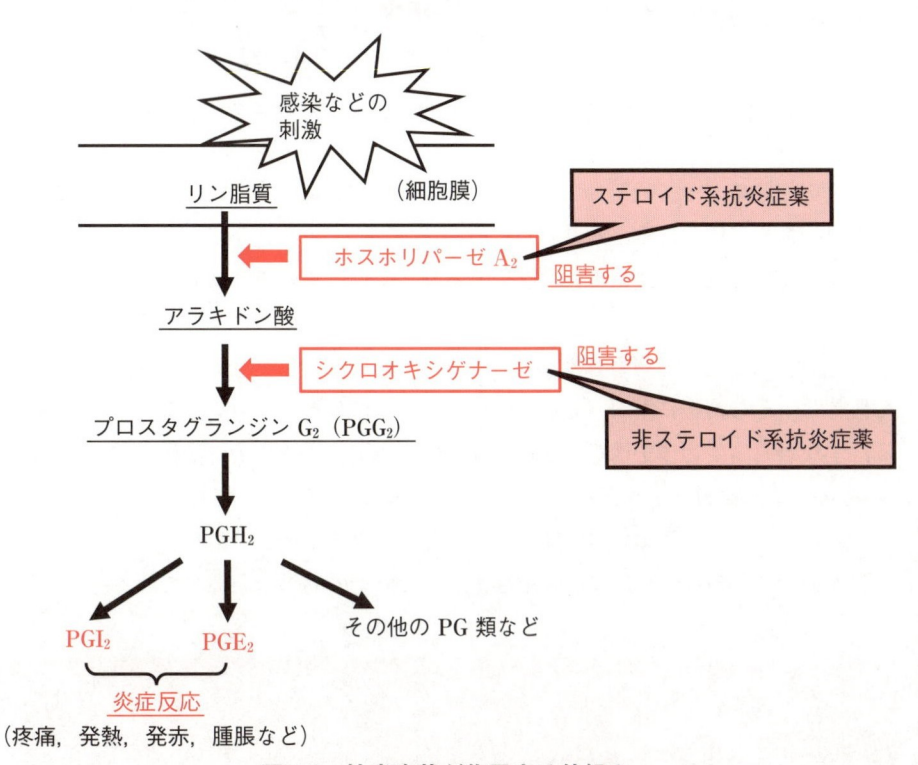

図 1.5　抗炎症薬が作用する仕組み

コラム　**アスピリン**

人工合成された最初の医薬品であり，現在も全世界で広く使われている“アスピリン”は，シクロオキシゲナーゼを阻害する非ステロイド系抗炎症薬である．アスピリンは，人類は古代から鎮痛作用があることを経験的に知っていたヤナギの樹皮の鎮痛成分であるサリチル酸の胃腸障害作用を緩和することを期待して 19 世紀末に開発されたもので，アスピリンの作用機構がシクロオキシゲナーゼの阻害であることが証明されたのは 20 世紀後半になってからであった．炎症におけるシクロオキシゲナーゼの役割が明らかになっている現在では，シクロオキシゲナーゼに対する阻害作用を指標にして様々な非ステロイド系抗炎症薬が開発されている．これは，生命機能に関わる化学反応の解明が進めば，経験的な薬効から使用を判断していた医薬品の作用機構が明らかになり，それに基づいてより有効な医薬品の理論的な開発が可能になることを示す典型的な例である．

1.5　まとめ

① 生物としての必要条件は，(1) 自己保存を行いつつ (2) 自己複製を行って増殖し，(3) 生命活動の場となる細胞の構造を持つことを兼ね備えていることであり，ウイルスはこの条件を満たしてはいない．

② 地球上に存在する多様な生物は，共通の祖先から進化したもので，細胞の構造に基づいて真核生物と原核生物に二分され，細菌以外の大部分の生物は真核生物である．

③ 生命の基本機能は細胞にあり，ヒトのような動物では細胞を基本にした階層構造（細胞→組織→器官→器官系→個体）を持っている．

④ 生命の基本単位である細胞は，タンパク質をはじめとする様々な生体分子から構築されており，細胞内で進む生命活動の実体は精巧に組み合わされた多彩な化学反応である．

⑤ 化学物質である医薬品は，生命活動に関わる化学反応に影響を与えることでその作用を発揮しており，医療における薬の専門家である薬剤師を目指す学びでは，化学を基礎にした生命機能への理解が重要になる．

第 **2** 章

生命の基本単位としての細胞

　本章では，生命の基本単位であり，医薬品が作用する場でもある細胞を理解するための基礎となる知識を学ぶ．

2.1　細胞の基本構造と細胞膜

　細胞が生命活動を行う場としての独立性を保つために必要最低限の構造は，細胞と外界とを隔てる仕組みである．細胞は，膜に包まれた"閉じた袋"の中に生命活動に必要な様々な物質を保持して生命を保っており，膜が破れてしまうと細胞と外界との区別が失われて生命活動は消失する．

　細胞と外界を隔てる構造が細胞膜 cell membrane であり，細胞は細胞膜が閉じた袋を作っていることによって生命活動に必要な様々な物質を生命活動の場である細胞質 cytoplasm に保持している．一方，細胞が生命活動を行うには，エネルギー源や細胞を作る素材となる様々な物質を栄養として環境から取り込むことが必要であり，生命活動で細胞内に生じた老廃物を環境に排出することも必要になる．そのために，細胞膜には生命活動の維持に必要な物質に対する選択的透過性が備わっている（図 2.1）．

　細胞膜の基礎となる構造は，リン脂質（☞ 第 7 章）で作られた脂質二重層 lipid bilayer の膜である（図 2.2）．リン脂質の分子は，親水性の頭部と長いア

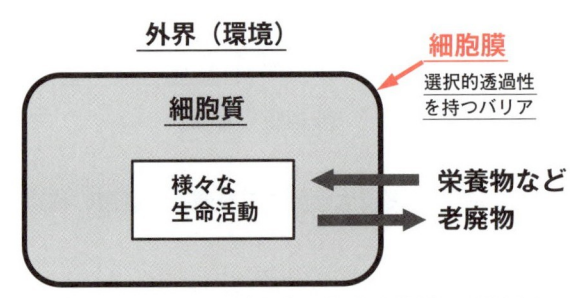

図 2.1　細胞に最低限必要となる構造の概念図

ルキル鎖による疎水性の尾部を持っている．このような性質（両親媒性 ☞ 第 3 章）を持つリン脂質は，水の中で親水性の頭部を水に向け疎水性の尾部同士が疎水性相互作用することによって，図 2.2 に示す二層構造の膜を形成する．細胞膜の基礎となっている構造は，このようにして形成された脂質二重層の膜である．

　脂質二重層の内部は，アルキル鎖で満たされた強い疎水性の環境となるため，イオンや水溶性の化合物は低分子であっても自由拡散によって透過することができない．このため，細胞膜は，糖質やアミノ酸などの生命活動に必要な物質を細胞質に保持し，それらが環境に拡散して失われることを防ぐ働きをする．一方，生命活動を維持し続けるには，エネルギー源や細胞の構築素材となる様々な物質を栄養として環境から取り込むことが必要であり，生命活動で生じた老廃物を細胞外へ排出することも必要になる（図 2.1）．そのために，細胞膜には生命活動の維持に必要な物質の取り込みや老廃物の排出を行う仕組みとなる様々な**輸送タンパク質**（☞ 第 4 章）が埋め込まれている．細胞膜には，これらの他にも，外部からもたらされる化学的信号を受け取るための**受容体タンパク質**（☞ 第 4 章）や，細胞相互間の認識や集合などに関わるタンパク質（☞ 第 4 章）も埋め込まれている．このように，細胞膜は基礎となるリン脂質で作られた脂質二重層の膜に様々な機能に関わるタンパク質が埋め込まれた構造（図 2.2）を持ち[注1]，生命活動が行われる場である細胞質を外界から保護するとともに，"生命活動と環境とのインターフェース" としての重要な役割を担っている．

注1）細胞膜に埋め込まれたタンパク質は，流動性を持つ脂質二重層の中を自由に移動できる．細胞膜は硬い膜ではなく，柔軟で動的な平衡状態にある "流動モザイク" 構造を持っている．（☞ 細胞膜の構造と機能に関する詳しい知識など，細胞の構造と機能については，薬学教育モデル・コアカリキュラム C6(1) に準拠する専門科目で詳しく学ぶ．）

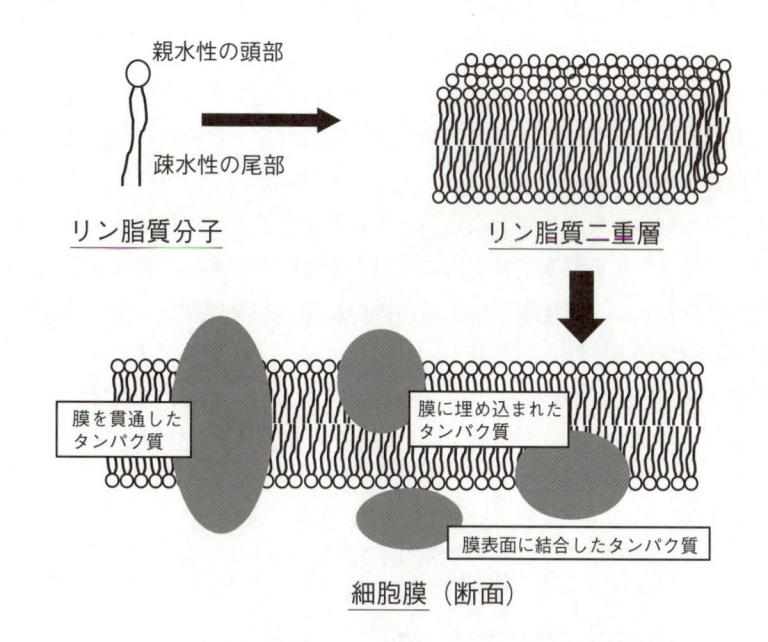

親水性の頭部

疎水性の尾部

リン脂質分子　　　　　　　　　　　　リン脂質二重層

膜を貫通したタンパク質

膜に埋め込まれたタンパク質

膜表面に結合したタンパク質

細胞膜（断面）

図 2.2　リン脂質による脂質二重層と細胞膜の構造

2.2　細胞の大きさと観察手段

　真核生物の細胞の大きさは，鳥類の卵など特別な細胞を除けば，大部分が 10 ～ 100 μm の範囲にあるが，原核生物の細胞はこれより小さく，1 ～ 数 μm の範囲にある（図 2.3）．このように，真核生物の細胞と原核生物ではその大きさが著しく異なり，平均的に見れば真核生物の細胞は原核生物より 10 倍程度大きい．

　ヒトの肉眼の分解能（微小な 2 点を見分けられる最小間隔）は，0.2 mm（200 μm）であり，これより小さい細胞を観察するには顕微鏡 microscope が必要となる．細胞の観察で最も普通に使われる光学顕微鏡 light microscope は，生きた状態の組織や細胞を直接観察でき，色素や蛍光物質で標識したタンパク質などを使うことによって，細胞内における観察対象の動きを映像として記録することも可能である．このため，光学顕微鏡は医薬品の作用を細胞レベルで直接観察するなど様々な目的に用いられ，多彩な機能を持つ光学顕微鏡が開発されている．しかし，光学顕微鏡は，観察に使う可視光線の波長と光学ガラスの屈折率の関係から，良好な像を得ることができる分解能は 0.2 μm 程度（観察倍率として 1,000 倍程度）が限界となるため，原核生物や真核生物の細胞小器官などの構造を詳しく観察することはできない．

　オルガネラや原核生物の構造を詳しく観察するには，より高い分解能を持つ電子顕微鏡 electron microscope を用いる．透過型電子顕微鏡は，電子染色（電

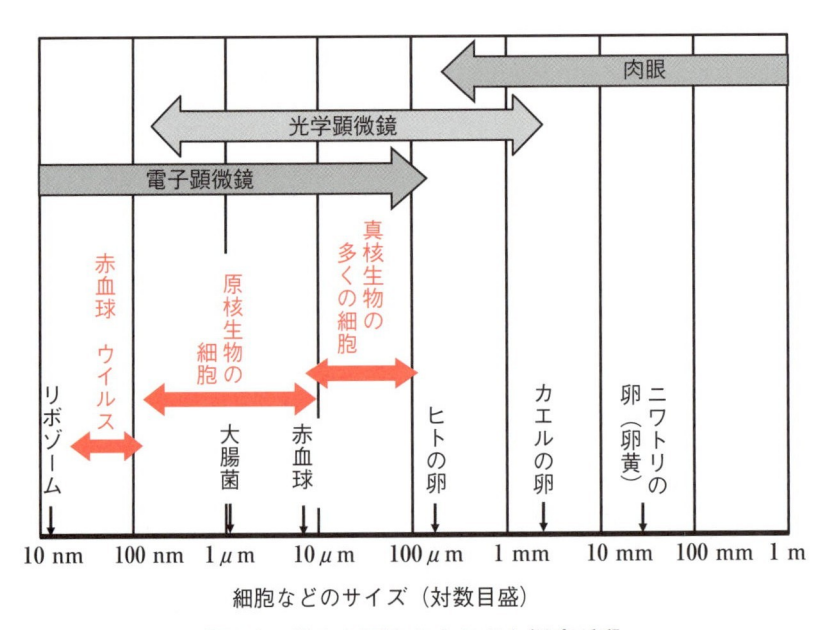

図 2.3　様々な細胞の大きさと観察手段

子線の透過率を変える物質で観察したい細胞構造に結合させる）した細胞標本を透過した電子線による像を電子レンズで拡大する仕組みを用いて 1 nm 以下に達する分解能が得られるので，オルガネラの微細な構造を観察できる．また，**走査電子顕微鏡**は，電子線を反射する物質を表面に蒸着させた組織や細胞を用いて，それらの形態を細密な立体画像として撮影する．しかし，これら電子線を用いる顕微鏡観察では，電子染色が必要であり，細胞を生きている状態で観察することはできない．

2.3　真核生物の細胞と原核生物の細胞

真核生物の**細胞 eukaryotic cell**（図 2.4（a））は細胞質に機能分化した様々な**オルガネラ organella** を持っている．一方，**原核生物の細胞 prokaryotic cell**（図 2.4（b））は，複雑な内部構造を持たない．表 1.1（第 1 章，4 ページ）にあるように，動物から菌類に至る大部分の生物は前者の細胞を持つ真核生物であり，後者の細胞を持つ原核生物は，真正細菌（いわゆるバクテリア）と古細菌に限られている．また，動物を除く大部分の生物の細胞には細胞膜の外側に細胞壁[注2]が存在する．

真核生物の細胞が持つ主要なオルガネラには，ゲノムの情報を記録した DNA を格納している**核 nucleus**，エネルギーの産生に関わる**ミトコンドリア mitochondria**，細胞内広がった膜構造である**小胞体（ER）endoplasmic reticulum** をはじめ，**ゴルジ体 Golgi body**，**リソソーム lysosome** がある（図 2.4（a））．また，タンパク質合成を行う細胞内顆粒である**リボゾーム ribosome** は，細胞質内に遊離状態で存在するものと，小胞体に結合して存在するものがあ

注2）細胞壁は，細胞の物理的強度を保つ役割を担う構造である．細胞壁を構成している物質と細胞壁の構造は生物種によって異なっており，進化の過程でそれぞれの生物種が独立して発達させたものであると考えられる．なお，細菌の基本的な分類であるグラム陽性と陰性（☞ **薬学教育モデル・コアカリキュラム C8(3)②に準拠した専門科目で学ぶ**）は，細胞壁の化学的構造の違いに基づいている．

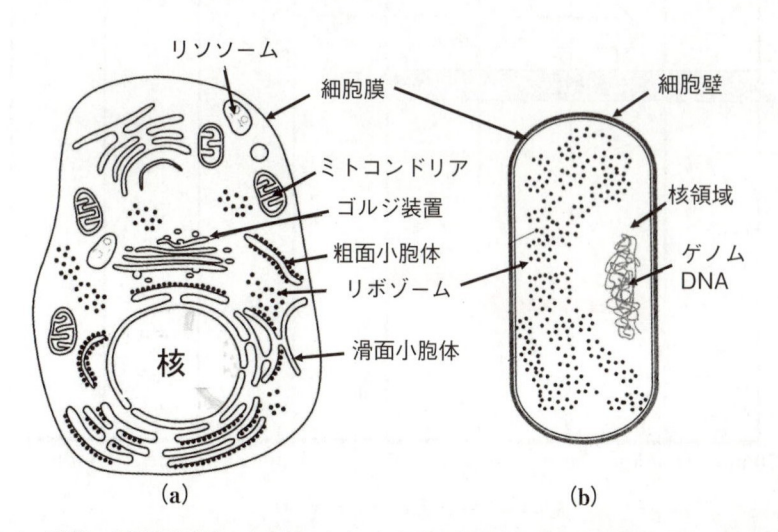

図 2.4　動物（真核生物）の細胞（a）と細菌（原核生物）の細胞（b）の模式図

る．真核生物の細胞内には，この他に微小管などの**細胞骨格 cytoskelton** も存在する．一方，原核生物の細胞には核も細胞小器官もなく，ゲノム情報を記録した DNA は裸の状態で細胞質内の核領域に存在し，リボゾームは遊離状態で細胞質内に散在している（図 2.4（b））．

コラム　**抗菌薬と細胞構造**

　抗菌薬は，ヒトの健康に有害な微生物（病原体）の増殖を抑える医薬品である．病原体は，大きくウイルス，細菌，真菌に分類される．病原体とひとくくりにされているが，ウイルスは細胞を持たず，細菌は原核生物，真菌は真核生物であり，生物学的には大きく異なっている．抗菌薬はこの違いを利用しており，ヒトとは異なる原核生物である細菌に対しては，その違いを利用してヒトの細胞への影響がほとんどなく，細菌の増殖を特異的に強く抑制する抗菌薬が開発されている．これに対して，ヒトと同じ真核生物である真菌類について強い殺菌作用を示す化合物はヒトの細胞に対しても有害作用を示すことが多いため，真菌類に対してだけ選択的に作用する抗真菌薬の開発には困難が多い．また，ウイルスに対してはウイルス粒子の構造を破壊する消毒薬の他は，個々のウイルスの増殖機構に対応した化合物を探索する必要がある．（☞ 抗菌薬・抗真菌薬の作用機序については，**薬学教育モデル・コアカリキュラム C14(5)** に準拠する専門科目で詳しく学ぶ．）

2.4　主なオルガネラ

2.4.1　核

　核は，光学顕微鏡で観察できる大きなオルガネラで，二重構造の**核膜 nuclear membrane** によって細胞質から隔てられている（図 2.5）．核の役割は遺伝情報を持つゲノム DNA（☞ 第 5 章）の保存であり，ゲノム DNA はヒストン・タンパク質と複合体を形成した**クロマチン chromatin** と呼ばれる構造で核内に存在する（☞ 第 5 章）．これは，細胞を染色して光学顕微鏡で観察した際に核内に広がっている染色質の実体である．**核小体**は，リボゾームを作る役割を担っている．核には，ゲノム DNA からの遺伝情報の読み出しや，ゲノム DNA を複製する役割を持つ様々なタンパク質（☞ 第 5 章）が存在する．核膜には，ゲノム DNA の情報を転写して細胞質に伝える mRNA（☞ 第 5 章）や，核小体で作られたリボゾームを細胞質に輸送するための通路になる**核膜孔**と呼ばれる小孔が多数存在する（図 2.5）．

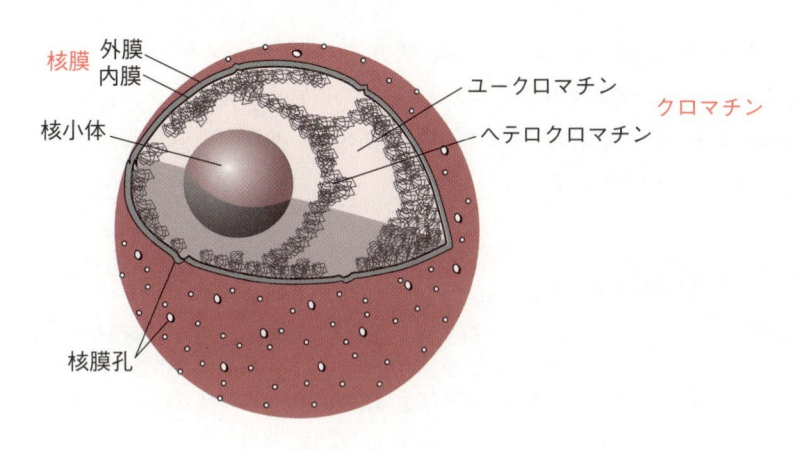

図 2.5　細胞核の構造

2.4.2　ミトコンドリア

　ミトコンドリアは，**内膜 inner membrane**，**外膜 outer membrane** と呼ぶ二重の膜で囲まれたオルガネラで，回転楕円体ないし円筒状の形を持つ．内膜には特徴的なひだ状の構造である**クリステ cristae** がある．内膜に囲まれた内部を**マトリックス matrix**，内膜と外膜の間の空間を**膜間腔 intermembrane space** と呼んでいる（図 2.6）．ミトコンドリアは，生命活動に必要な化学エネルギーの大部分を産生する役割を担っており，栄養として摂取した糖質や脂肪酸からエネルギーを取り出す好気的な代謝に関わる様々な酵素やタンパク質（☞ 第 9 章）がマトリックス内とクリステの膜上に存在する．また，ミトコンドリアにはゲノムDNA とは異なる遺伝情報を持つ独自の DNA が存在する[注3]．

注3）ミトコンドリアのDNA は，原核細胞のDNA と同じ環状構造を持っており，独立して複製されている．この事実は，ミトコンドリアの起源が真核生物の出現以前に存在していた原核生物の共生であるとするミトコンドリア共生説の根拠となっている．しかし，ミトコンドリアは自らの持つ DNA の情報だけで作られているわけではなく，ミトコンドリア多くのタンパク質の情報はゲノム DNA が持っている．

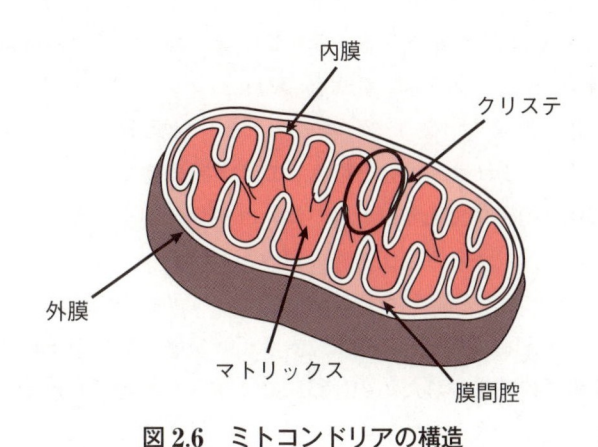

図 2.6　ミトコンドリアの構造

2.4.3　小胞体とリボゾーム

小胞体（ER[注4]）は，細胞質に広がる小管状ないし網様の膜構造である．小胞体は，核やミトコンドリアのような"膜で囲まれた袋"ではなく，連続的で不定形の膜構造であり，その一部は細胞膜や外側の核膜にもつながっている（図2.7）．また，小胞体には，表面にリボゾーム（後述）が結合している**粗面小胞体 rough ER** と，リボゾームが結合していない**滑面小胞体 smooth ER** がある．

粗面小胞体は，肝臓や膵臓など細胞外へ分泌するタンパク質を産生する器官の細胞に多く存在し，結合しているリボゾームで合成されたタンパク質は，小胞体膜を通過して小胞体膜の間にできたスペースを通ってゴルジ体（次項）に送られる．滑面小胞体には，様々な脂溶性物質の合成や分解に関わる酵素が結合しており，リン脂質の合成，コレステロールの合成や分解などを行っている．また，肝臓などの小胞体には，医薬品を含む多彩な生体外異物の解毒代謝に関わる様々な薬物代謝酵素が結合しており，医薬品の有効性と安全性に関わる役割を担っている．（☞ 薬物代謝酵素については，**薬学教育モデル・コアカリキュラム E4(1)④** に準拠した専門科目で詳しく学ぶ．）

リボゾームは，すべての生物の細胞に存在し，タンパク質合成の場（☞ 第5章）となっている構造体であり，**リボゾームRNA ribosomal RNA** と呼ぶ特別な RNA（リボ核酸）とタンパク質の複合体で構築された顆粒である[注5]．リボゾームは，大，小2つのサブユニットが組み合わされた構造（図2.7）を持つが，その大きさは真核生物と原核生物で若干異なり，前者のものの方が後者のものよりわずかに大きい[注5]．

原核生物のリボゾームは細胞質全体に遊離の状態で散在している（図2.4）が，

注4) 小胞体の国際表記であるendoplasmic reticulumを直訳すれば"細胞質内の網様構造体"となる．この名が示すように，ERは"小胞"ではない．しかし，日本では細胞を破砕して分離したER に与えられた microsome という呼び名の和訳である"小胞体"が用いられている．

注5) リボゾームは原核生物を含めたすべての生物に細胞に存在するので，オルガネラには含めないことが一般的である．また，リボゾームの大きさは，真核生物が80S，原核生物が70Sである．この違いを見分けて，原核生物の70Sリボゾームに選択的に結合し，原核生物である病原性細菌のタンパク質合成を特異的に阻害する抗生物質が病原菌の増殖を抑える医薬品として使用されている．（☞ 抗生物質については，**薬学教育モデル・コアカリキュラムの E2(7)①**に準拠する専門科目で学ぶ．）

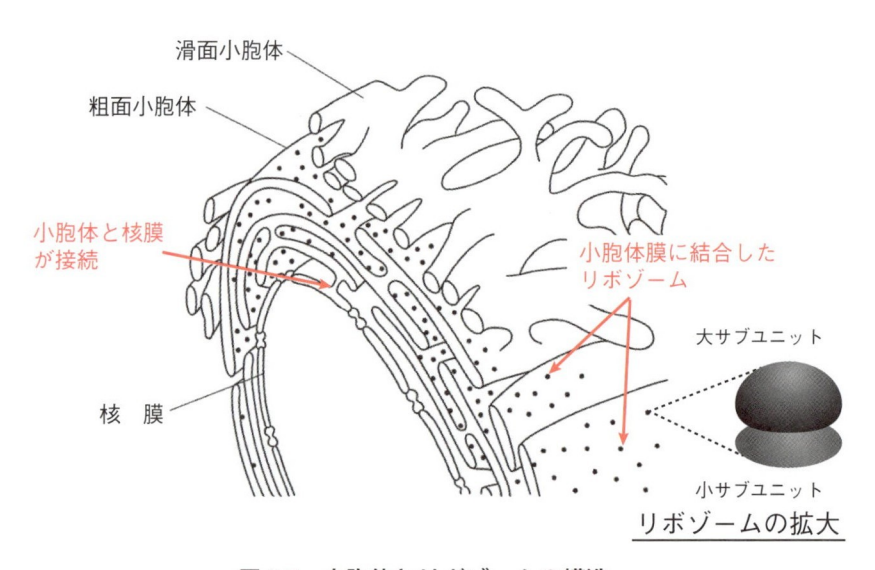

滑面小胞体
粗面小胞体
小胞体と核膜が接続
核　膜
小胞体膜に結合したリボゾーム
大サブユニット
小サブユニット
リボゾームの拡大

図2.7　小胞体とリボゾームの構造

真核生物のリボゾームは，粗面小胞体や核膜に結合した**結合リボゾーム**と細胞質内に遊離状態で存在する**遊離リボゾーム**があり，前者は細胞膜や小胞体膜などのタンパク質や細胞外に分泌するタンパク質の合成の場となり，後者ではそれ以外のタンパク質の合成の場となっている．

2.4.4　ゴルジ体

ゴルジ体は，扁平な袋状の膜構造が重なり合った構造を持つオルガネラであり（図 2.4（a）），粗面小胞体のリボゾームで合成されて細胞外へ分泌されるタンパク質や細胞膜のタンパク質に対する糖鎖の付加などの修飾を行うとともに，それらを貯蔵する役割を持っている．ゴルジ体は，修飾を終えたタンパク質を自らの膜に包んだ小胞（**分泌小胞**）として切り離す．分泌小胞は細胞質に貯えられ，必要に応じて細胞膜と融合し，分泌タンパク質は細胞外へ分泌される．また，細胞膜タンパク質は分泌小胞の膜に結合した状態で細胞膜に移行する．細胞外に分泌されるタンパク質や細胞膜のタンパク質は，ゴルジ体で糖鎖の付加などの修飾を受けることで機能を発揮するものが多く，ゴルジ体は細胞外への分泌が盛んな細胞で特によく発達している．

2.4.5　リソソーム

リソソームは，一重の膜で囲まれた球状のオルガネラであり（図 2.4（a）），内部の pH は酸性に保たれ，酸性で機能する様々な**加水分解酵素**が存在する．リソソームは，外来性タンパク質などの高分子異物をエンドサイトーシスによって細胞内に取り込んだエンドソームと融合して，それらを分解，消化する機能を持っている．リソソームはまた，機能を失い，**オートファジー autophagy** の対象になった自己のタンパク質や細胞小器官を膜で包んだ**オートファゴソームautophagosome** と融合して，それらを分解，消化する役割も持っている．

2.5　細胞骨格

脂質二重層にタンパク質が結合した細胞膜の閉じた袋である細胞は，内外の浸透圧が適切な範囲に保たれていれば，破裂したり極端に収縮したりして，機能を失うようなことはない．しかし，柔軟な構造である細胞膜だけでは，細胞の形を保つ物理的強度は十分でなく，細胞の構造維持には細胞骨格が重要な役割を担っている．細胞骨格は，細胞質内に張り巡らされた繊維状や管状の構造で，**ミクロフィラメント**，**中間径フィラメント**，**微小管**の 3 種類がある．

　ミクロフィラメントは，球状のタンパク質であるアクチン（☞ 第 4 章）が重合した繊維であり，細胞膜の内側に裏打ちの形で網目状に存在して細胞の形を維持している．ミクロフィラメントは，アクチンの機能によって細胞の運動に関わっている（☞ 第 4 章，図 4.18，43 ページ）．

　中間径フィラメントは，細胞内に広がるタンパク質の繊維で，細胞の運動によって生じる細胞を破壊する方向に作用する力に対抗する張力を与えている．また，核膜の裏打ちをしている核ラミナも中間径フィラメントである（☞ 第 4 章，図 4.18，43 ページ）．

　微小管は，チューブリン（☞ 第 4 章）と呼ばれる球状タンパク質が重合した管状の構造体で，細胞内で起こる原形質流動や染色体の移動のような動きに関わっており，細胞質内の物質輸送に関わるレールや，細胞分裂時に染色体をけん引する紡錘糸などして働いている．

2.6　細胞の相互認識と細胞同士を結びつける結合

　第 1 章で学んだように，多細胞生物の個体は階層構造を持ち，細胞が集まって組織を作っている．組織は，細胞が無秩序に集まったものではなく，同じ機能を持つ細胞同士が相互を認識して隣接する細胞間に安定した結合を形成し，細胞集団として効率的に機能する状態を作り上げたものである．ここでは，上皮細胞と上皮組織を例にして，組織を作る細胞の相互認識と細胞同士の結合に関する基本的な仕組みを理解する．

2.6.1　上皮組織の構造

　上皮組織は，消化管，血管など管腔の内面の表面に並んだ一層の上皮細胞の集合体であり，基底膜を介して内部にある結合組織につながっている．上皮組織は一層の上皮細胞が平面状に集合したもので，細胞同士は，異なる役割を持つ 4 種類の細胞間結合である密着結合，接着結合，デスモソーム結合，ギャップ結合によって結合しており，上皮細胞は，ヘミデスモソーム結合により内側にある基底膜と結合している（図 2.8）．

2.6.2　細胞間の結合

　密着結合（図 2.8 ①）は，外界に接する表面に最も近い領域で隣接する細胞の細胞膜を密着結合タンパク質が強固に結合するもので，外界の様々な物が細胞間隙を通しての組織の内部へ侵入することを防ぐ障壁を形成しており，血管内皮細

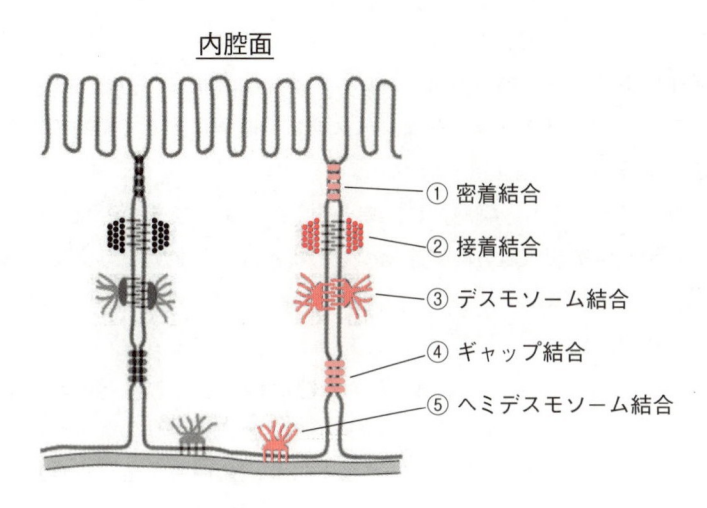

図 2.8　上皮組織の細胞間に見られる様々な結合

胞の密着結合は，血液中の医薬品の組織への移行に関わる血液・組織間関門
（☞ 詳しくは，**薬学教育モデル・コアカリキュラム E4(1)③に準拠した専門科目で学
ぶ**）の実体となっている．

　接着結合（図 2.8 ②）は，密着結合の内側に位置して細胞接着帯を構成してい
る．この結合は，組織を作る細胞同士の相互認識に関わっており，細胞膜を貫通
しているカドヘリンと呼ぶタンパク質同士が相手を認識して結合することによっ
て形成されている．

　デスモソーム結合（図 2.8 ③）は，細胞同士の結合を強固なものとする留め金
のような役割を持ち，細胞骨格（中間径フィラメント）と結合した円盤状のタン
パク質集合体をアンカー構造とし，それに結合したカドヘリンが隣接する細胞の
カドヘリンと接着している．

　ギャップ結合（図 2.8 ④）は，コネキシンと呼ぶタンパク質 6 個で構成された
管状の膜貫通タンパク質複合体（コネクソンという）が隣接する細胞の細胞間に
管状の通路を形成しており，それを通して隣接する細胞同士の間で様々な分子や
イオンが自由に行き来できるようにしている．これによって組織を構成する，多
数の細胞が一体となり，組織としての迅速で調和のとれた機能を果たすことがで
きる．

　ヘミデスモソーム結合（図 2.8 ⑤）は，上皮細胞の基底面に存在する特殊な結
合で，上述したデスモソーム結合と基本的には同じ仕組みを持つが，結合の相手
は細胞ではなく，基底層のタンパク質であるため，デスモソーム結合の片方とい
う意味でヘミデスモソーム結合と呼ばれる．なお，この結合では，カドヘリンの
代わりにインテグリンと呼ばれるタンパク質が関わっている．

2.7　まとめ

① 細胞は，細胞膜に囲まれた細胞質の中で様々な生命活動を行っている．細胞膜は，リン脂質の脂質二重膜にタンパク質が埋め込まれた構造で，細胞と外界との間で選択的な物質交換を行う機能を持ち，細胞と外界とのインターフェースとして働いている．

② 細胞は，真核生物の細胞と原核生物の細胞に二分され，両者は大きさと内部構造が大きく異なり，真核生物の細胞は内部に様々な機能を分担するオルガネラを持っている．

③ 主なオルガネラには，ゲノム DNA を保持している核，エネルギー代謝を受け持つミトコンドリアの他，リボゾームが結合した粗面小胞体，滑面小胞体，ゴルジ装置，リソソームなどがある．

④ 真核生物の細胞は，特別なタンパク質が多数重合して形成された細胞骨格と呼ぶ構造を持っており，細胞の構造保持や細胞に関わっている．

⑤ 組織を構成している細胞は，細胞を相互に認識し同じ細胞同士を結合させる複数の仕組みを持っている．

第 3 章

生命と水

　地球上の生命は水の中で生まれ，生命活動を支える化学反応の大部分は水を溶媒にして行われている．水の化学的性質を知ることは化学の観点から生命を理解するために不可欠な基礎知識の1つとなる．本章では，生命における水の重要性を理解するために，水の化学的な特徴を学ぶ．

3.1　水の分子構造と水の特性

　水分子（H_2O）は図 3.1 の構造を持っている．O-H 共有結合は，O と H の電気陰性度の違いによって結合に関わる電子が酸素側に偏っており，O 側が "やや負"（δ^-），H 側が "やや正"（δ^+）となる．このような結合を極性 polarity を持つ結合という．水分子には2つの O-H 結合がありそれぞれが同じ大きさで逆向きの極性を持っている．したがって，もし水分子の H-O-H が直線的に配置されていれば極性は分子内で打ち消されることになる．しかし，水分子の H-O-H の結合は約 105° に折れ曲がっているため分子内で極性は打ち消されず，2つの極性モーメントが合成されて分子全体として極性を持つことになる（図 3.1）．

　極性分子である H_2O は，やや負の O（δ^-）とやや正の H（δ^+）とが静電引力によって接近することで，隣り合う H_2O 分子の O と H の間に水素結合 hydrogen bond[注1]が形成される．水素結合は，O と複数の H との間で形成できるため，水分子は大きな分子集団を形成することになる（図 3.2）．

注1）水素結合は，電気陰性度の大きい原子に共有結合して δ^+ となった水素と別の電気陰性度の大きい原子との間に生じる相互作用で，結合力は共有結合よりずっと弱い．

水分子の構造

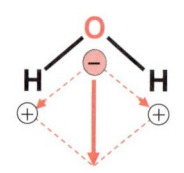

分子全体での分極は O→H の
分極が合成されたものとなる．

図 3.1　水分子の構造

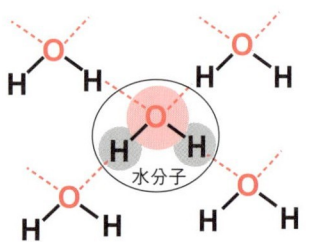

水分子は，三次元的に水素結合によるネットワークを
構成し，分子集団を形成する．

図 3.2　水素結合による水分子の集合

　また，生命活動が行われる温度域では，水分子の熱運動エネルギーと水素結合のエネルギーとの差が小さいため，分子集団に含まれる個々の分子は，水素結合の形成と切断を頻繁に繰り返して，集団内で自由に運動している．このため，生命活動が行われる温度域で水分子の集団は，流動性を持つ液体となる．このような形で存在する液体状態の水は，構成する水分子同士が水素結合で引きつけ合って密集しているため，密度と粘性が大きく，融点（273 K，0℃）と沸点（373 K，100℃）が高く，比熱も大きいという，特徴的な性質を持っている．

3.2　水の溶媒としての特徴

　液体状態にある水では，個々の水分子が水素結合の切断と形成を繰り返して運動している．このため，液体状態にある水分子は，極性を示す原子団（水酸基，カルボニル基，アミノ基など）を持つ様々な物資（極性物質）とも水素結合を形成し，自由に混じりあう．また，イオン性の物質は，陽イオンと陰イオンに解離して極性を持つ水分子と相互作用することで液体状態の水分子と混じりあう．このように，液体状態の水は極性物質やイオン性物資をよく溶かす**極性溶媒**となる．

　極性を示す原子団を持つ物質が水と馴染みやすい性質を**親水性 hydrophilic**といい，極性を示す原子団を持たない物質が水に馴染みにくい性質を**疎水性 hydrophobic** という．疎水性を持つ物質を水に加えると，水から排斥されることで加えた物質同士が集合する．水の中で疎水性物質同士が集合する現象を**疎水性相互作用 hydrophobic interaction** と呼び，疎水性相互作用で集合した物質の間に形成される結合を**疎水結合 hydrophobic bond** と呼ぶ．また，長鎖脂肪酸塩のように，分子内に極性を示す原子団（解離したカルボキシ基）と無極性の原子団（長いアルキル鎖）をともに持つ物質が示す性質を**両親媒性**

極性部分

無極性部分

両親媒性分子

多数の分子が水の中で
球状に集合する

水分子が極性部分と
水素結合する

無極性部分が
疎水結合で集合

ミセル

図 3.3　両親媒性分子によるミセルの形成

amphipathic といい，そのような構造を持つ物質を両親媒性物質という．両親媒性物質は水の中で，極性原子団を水に向け無極性部分同士が疎水性相互作用で集合した分子集団であるミセル micelle（図 3.3）を形成して均一に分散する．

　生命活動が行われる温度域において液体で存在する水が持っている上述のような諸性質は，生命機能に関わる様々な極性物質の溶媒として，またタンパク質や細胞の膜構造などを構築するための環境として重要な役割を果たしている．

3.3　生命環境としての水の重要性

　脂質を別にすれば，生命活動に関わる主な物質は親水性であり，生体内で行われている大部分の化学反応の溶媒は水である．生体内で行われる化学反応の溶媒としての役割は，生命機能における水の重要性を示すわかりやすい例であるが，生命の環境として水が果たしている本質的な重要性は，タンパク質分子の立体構造形成に果たす水の役割にある．

　生命機能の基盤はタンパク質が持つ多様で特異的な機能によって支えられているが，それらの機能は個々のタンパク質分子の立体構造に依存している（☞ 第 4 章）．タンパク質分子が正しい立体構造を構築する基本的な仕組みは，タンパク質を構成するアミノ酸残基と水との相互作用によって，分子の表面側には親水性のアミノ酸が，内側には疎水性のアミノ酸が集まるような構造に折り畳まれること（☞ 第 4 章）であり，水がなければタンパク質は正しい立体構造をとることができない．

　また，前の章で学んだように，細胞に不可欠な構造である細胞膜は，水の中で両親媒性物質であるリン脂質が作る脂質二重層（☞ 第 2 章，図 2.1，11 ページ）を基礎にして構築されており，細胞の構造は水が存在することによって保たれる．

　このように，生命の存在に必須の要素となる正しい立体構造を持ったタンパク質や細胞膜の構築は，液体の水という環境中で実現される水素結合と疎水性相互作用とのバランスがあって初めて実現されるものであり，液体の水という環境がなければ，生命は存在することができない．

3.4　まとめ

① 水は小さな分子であるが，水素結合で集合しているため生命活動が行われる温度の範囲では液体として存在する．

② 水は極性溶媒であり，タンパク質などの親水性物質やイオンなどを主体にし

て進む生命活動に好適な溶媒となっている.

③ タンパク質の立体構造や細胞膜の構築には，ポリペプチド鎖やリン脂質分子
と液体状態の水との相互作用によって生じる，水素結合と疎水性相互作用と
のバランスが重要な役割を果たしている.

第 **4** 章

タンパク質とその機能

　第1章で学んだように，生物の基本単位である細胞の構築と活動はタンパク質によって維持されている．タンパク質には多様な構造と性質を持った分子が存在し，その種類は無限であるといっても過言ではない．本章では，タンパク質が著しく多様な構造を持ち得る理由を理解するとともに，生命活動を支えているタンパク質の構造と機能の概要について学ぶ．

4.1　タンパク質の構成単位としてのアミノ酸の化学的特徴とポリペプチド

4.1.1　タンパク質の構成単位～アミノ酸

　タンパク質 protein は，**アミノ酸 amino acid** が重合した直鎖状の高分子であり，アミノ酸は図4.1の基本構造を持っている．この構造の特徴は，アミノ基とカルボキシ基および置換基（R）が同一の炭素原子に結合していることで，この構造を持つアミノ酸を**α-アミノ酸**（カルボキシ基に隣接するα位の炭素にアミノ基が結合しているカルボン酸という意味）という[注1]．"R"で表されている置換基は，"**アミノ酸側鎖 amino acid side chain**"と呼ばれ，アミノ酸の化学的性質を決めている．タンパク質を構成するアミノ酸は20種あるが（表4.1），それらはアミノ酸側鎖（R）が異なっている．

　また，RがH（水素）であるアミノ酸（グリシン）以外のα-アミノ酸では，α

注1）生物学では，α-アミノ酸を単に"アミノ酸"と記すことが多いが，アミノ基とカルボキシ基が異なる炭素に結合しているアミノ酸と区別する場合はα-アミノ酸と明記する．

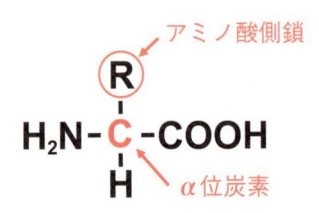

図4.1　タンパク質の構成単位となるアミノ酸の一般構造式

位の炭素が不斉炭素[注2]となるため立体異性体（D型，L型）が存在し，タンパク質を構成するアミノ酸はすべてL-アミノ酸である．（☞ <u>アミノ酸の化学的な性質に関する詳しい知識は，薬学教育モデル・コアカリキュラム，C6(2)③ に準拠した専門科目で学ぶ．</u>）

4.1.2 アミノ酸の重合で生じるポリペプチドの構造

　2分子のアミノ酸が，カルボキシ基とアミノ基との間で脱水縮合した化合物（図4.2）を**ペプチド peptide** と呼び，アミノ酸のアミノ基とカルボキシ基の間の脱水縮合によって形成される結合を**ペプチド結合 peptide bond** という．

　2個のアミノ酸が結合したペプチド（図4.2）には，分子の両端にアミノ基とカルボキシ基があり，それぞれに対してアミノ酸がペプチド結合で結合を繰り返すことができる．このようにしてアミノ酸がペプチド結合によって多数重合した直鎖状の高分子を**ポリペプチド polypeptide** という（図4.3）．

　ポリペプチドには，3つの注目すべき構造上の特徴がある．第一の特徴は，分子の骨格が，構成しているアミノ酸の種類に関係なく，$(-HN-CH(R)-CO-)$ の繰り返しによる直鎖構造（**ポリペプチド鎖**）であること，第二の特徴は，ポリペプチド鎖の両端が，アミノ基（H_2N-）を持つ**アミノ末端（N末端）N-terminal** と，カルボキシ基（$-COOH$）を持つカルボキシ末端（**C末端**）**C-terminal** として区別できる"方向性を持つ分子"である．これら2つの特徴がポリペプチド分子のすべてに共通する特徴であるのに対して，第三の特徴は個々のポリペプチド

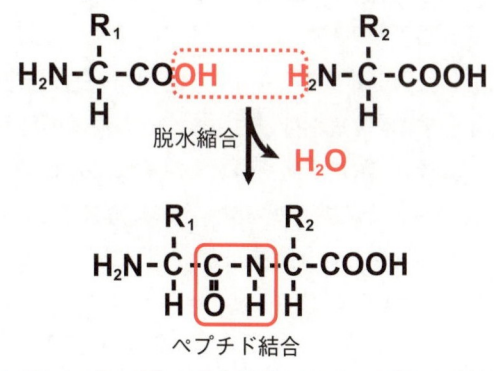

図4.2 アミノ酸の脱水縮合によるペプチドの生成

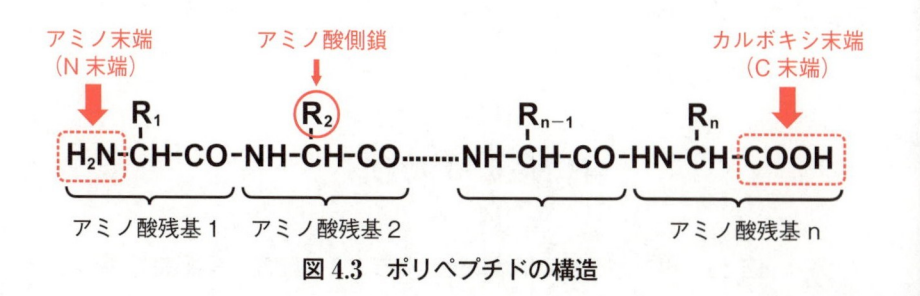

図4.3 ポリペプチドの構造

分子に個性を与えるもので，N 末端から C 末端に向かって，どんなアミノ酸が，どのような順序でいくつ結合しているか（アミノ酸配列）によって個々のポリペプチド分子の構造が異なることになる．このように，アミノ酸の重合によって生じるポリペプチドは，単純な基本骨格を持った直鎖状の高分子であるにも関わらず，アミノ酸配列が異なる多様な分子を生じることになる．

4.1.3　タンパク質を構成するアミノ酸

　タンパク質を構成するアミノ酸は 20 種類あり，それらの名称，略号，および側鎖の性質を表 4.1 に示す．これらのアミノ酸は，側鎖の構造と化学的性質によって，① 疎水性側鎖を持つアミノ酸（アラニン，バリン，ロイシン，イソロイシン，フェニルアラニン，トリプトファン，プロリン，メチオニン），② 中性の極性原子団を含む側鎖を持つアミノ酸（セリン，トレオニン，チロシン，システイン，アスパラギン，グルタミン），③ 酸性の側鎖を持つアミノ酸（アスパラギン酸，グルタミン酸），④ 塩基性の側鎖を持つアミノ酸（リジン，アルギニン，ヒスチジン）および，⑤ 側鎖を持たないグリシンに分類される．これらのアミノ酸の化学的性質は専門科目で学ぶので，ここでは上記の ① 〜 ⑤ の性質と 20

表 4.1　タンパク質に含まれる 20 種のアミノ酸の名称，略称と側鎖の特徴

アミノ酸名		略号表記		側鎖の性質
アラニン	alanine	Ala	A	疎水性（アルキル鎖）
バリン	valine	Val	V	疎水性（アルキル鎖）
ロイシン	leucine	Leu	L	疎水性（アルキル鎖）
イソロイシン	isoleucine	Ile	I	疎水性（アルキル鎖）
フェニルアラニン	phenylalanine	Phe	F	疎水性（芳香環）
トリプトファン	tryptophan	Trp	W	疎水性（含窒素異項環）
プロリン	proline	Pro	P	疎水性（イミノ酸構造）
メチオニン	methionine	Met	M	疎水性（硫黄を含むアルキル鎖）
セリン	serine	Ser	S	中性（アルコール性水酸基）
トレオニン	threonine	Thr	T	中性（アルコール性水酸基）
チロシン	tyrosine	Tyr	Y	中性（フェノール性水酸基）
システイン	cysteine	Cys	C	中性（チオール基）
アスパラギン	asparagine	Asn	N	中性（カルボン酸アミド）
グルタミン	glutamine	Gln	Q	中性（カルボン酸アミド）
アスパラギン酸	aspartic acid	Asp	D	酸性（カルボン酸）
グルタミン酸	glutamic acid	Glu	E	酸性（カルボン酸）
リジン	lysine	Lys	K	塩基性（1 級アミン）
アルギニン	arginine	Arg	R	塩基性（窒素を 3 原子含むアルギノ基）
ヒスチジン	histidine	His	H	塩基性（イミダゾール基）
グリシン	glycine	Gly	G	側鎖なし（水素）

種のアミノ酸側鎖が様々な配列で重合したポリペプチド鎖は，多様な化学的性質を示すことに気づいておけばよい．（☞ アミノ酸の化学的性質に関する詳しい知識は薬学教育モデル・コアカリキュラム C6(2)③ に準拠した専門科目学ぶ.）

4.1.4　タンパク質の多様性

　タンパク質の構造とそれに基づく性質は，アミノ酸配列によって決まる．タンパク質を構成するアミノ酸は 20 種類あり（表 4.1），一般的なタンパク質分子は，100 ～ 1,000 個のアミノ酸で構成されている．したがって，タンパク質分子には，① 20 種類のアミノ酸を，② 100 ～ 1,000 個の範囲にある任意の数，③ 任意の順序で並べただけの種類が存在し得ることになる．これは，タンパク質には無限と考えてよい種類の構造が異なる分子が存在し得ることを意味している．

4.2　タンパク質の構造

　タンパク質の構造はアミノ酸配列によって異なり，タンパク質分子の骨格であるポリペプチド鎖は(-HN-CH(R)-CO-)という単位の繰り返しで，骨格を構成する化学結合はすべてが自由回転できる一重結合(-N-C-C-)である．このためタンパク質分子は，骨格を構成する原子間の結合の回転によってポリペプチド鎖が部分的に様々に折り畳まれて，多様な立体構造をとることになる．このような背景から，タンパク質分子の構造は一次から四次までの階層に分けて考える．

4.2.1　タンパク質の一次構造

　タンパク質分子の基本となる構造は，どのようなアミノ酸が，いくつ，どのような順序で重合しているかによって決まる．タンパク質分子には，一方の端がアミノ基（N 末端），他方の端がカルボキシ基（C 末端）となる方向性があるので，タンパク質分子の基本構造は，N 末端から C 末端に向かって，どのようなアミノ酸が，どのような順に，いくつ並んでいるかを示すことで定義され，N 末端から C 末端に向かうアミノ酸配列をタンパク質の**一次構造 primary structure**という（図 4.4）．

　タンパク質は，アミノ酸残基が 1 つでも変化すれば構造の異なる別の分子ということになるから，複数のタンパク質分子相互間の類似性や異同を比較する際には，一次構造を用いる．

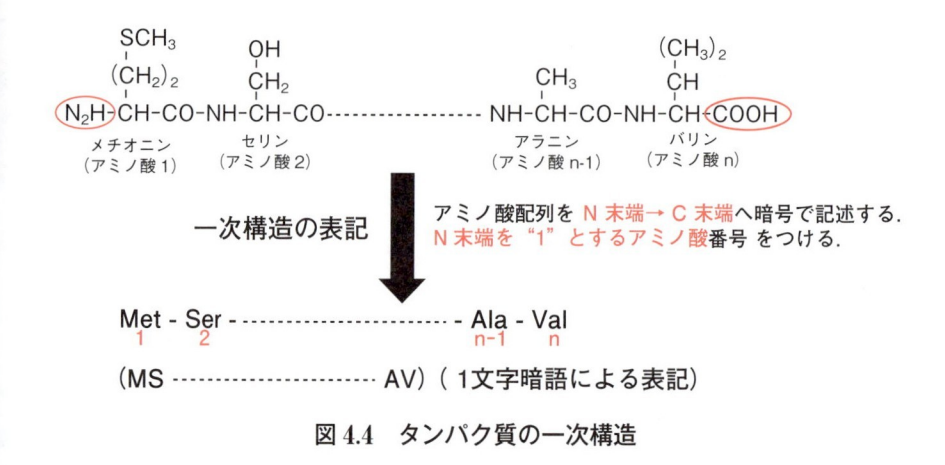

図 4.4　タンパク質の一次構造

4.2.2　タンパク質の二次構造

　タンパク質分子は，ポリペプチド鎖の折り畳みによって複雑な立体構造をとるが，ポリペプチド鎖の折り畳みで形成される部分的な立体構造には一定の規則性が認められる．そのような規則性を持つタンパク質の "部分的な立体構造" を，二次構造 secondary structure といい，*α*-らせん *α*-helix と*β*-シート *β*-sheet の 2 種類がある（図 4.5）．

　α-らせんは，1 本のポリペプチド鎖の中で，あるアミノ酸残基(-HN-CH(R)-CO-)のカルボキシ基酸素(-CO-)と 4 つ離れたアミノ酸残基(-HN-CH(R)-CO-)のアミノ基水素(-NH-)との間で水素結合が形成されることによって，"ポリペプチド鎖が 3.6 アミノ酸残基で 1 回転するらせん構造" となるものである（図 4.5 (a)）．

　β-シートは，引き延ばされた複数のポリペプチド鎖が横に並び，隣り合った鎖のアミノ酸残基(-HN-CH(R)-CO-)のカルボキシ基酸素(-CO-)とアミノ基水素(-NH-)との間に水素結合が形成される構造で，複数のポリペプチド鎖が平面上に並び，"規則的な折り畳み（プリーツ）のあるシート構造" となるものである（図 4.5 (b)）．*β*-シートには，並んだペプチド鎖の方向が同じ向きになっているもの（平行*β*-シート）と逆向きになっているもの（逆平行*β*-シート）とがある．

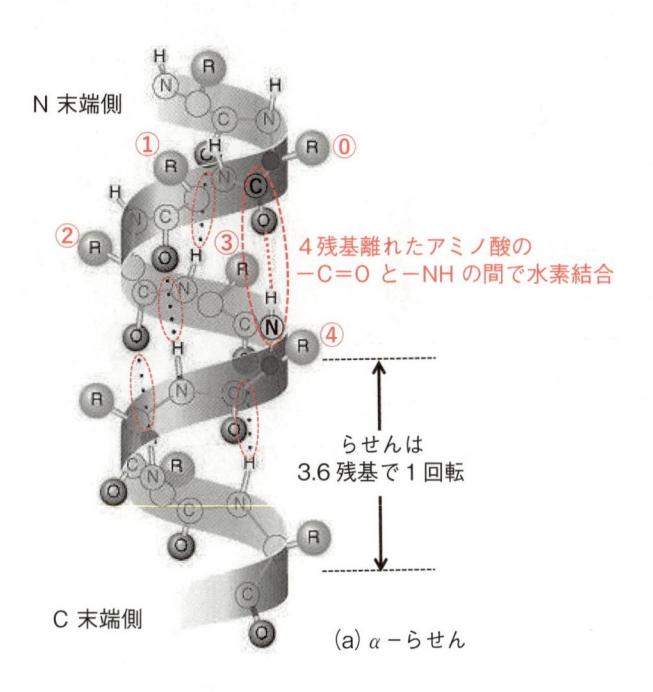

N 末端側

①　⑩

②　③

4残基離れたアミノ酸の
－C＝O と－NH の間で水素結合

④

らせんは
3.6残基で1回転

C 末端側

(a) α －らせん

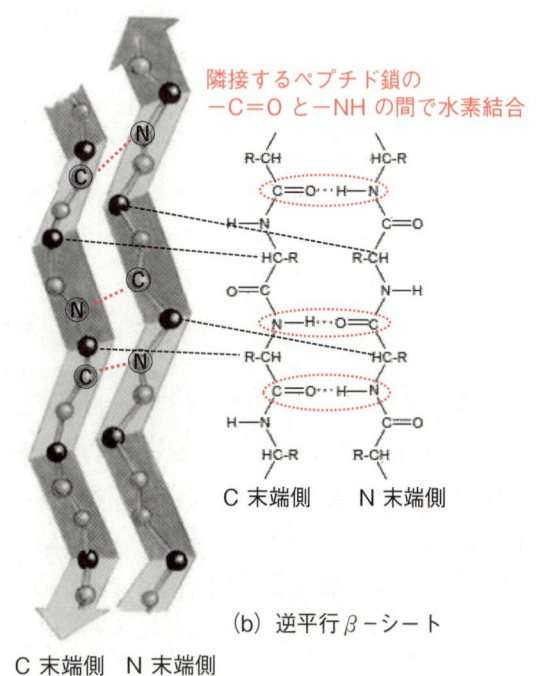

隣接するペプチド鎖の
－C＝O と－NH の間で水素結合

C 末端側　N 末端側

(b) 逆平行 β －シート

C 末端側　N 末端側

図 4.5　タンパク質の二次構造

4.2.3　タンパク質の三次構造

　タンパク質分子は分子全体が単一の二次構造で構築されているわけではなく，
複数の二次構造とそれらの間に存在して様々な折れ曲がり構造をとるペプチド骨

格を組み合わせた固有の立体構造である三次構造 tertiary structure[注3] を作り上げている（図 4.6，4.7）．

注3）三次構造は，タンパク質の階層構造で"三番目の階層に対応する構造"という意味で，"三次元構造"という意味ではない．三次構造が立体構造であることから"三次元"の構造と誤解しやすいので注意すること．

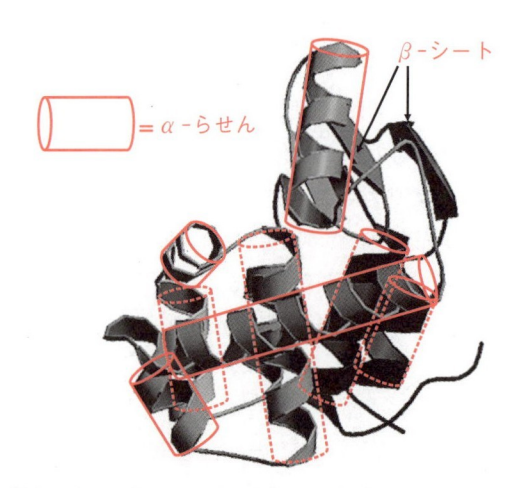

β-シート

= α-らせん

図 4.6　二次構造の組み合わせと折り畳みで作られるタンパク質の三次構造

　前項で説明したように，二次構造はポリペプチド鎖の骨格(–HN–CH(R)–CO–)に含まれる原子団である(–CO–)と(–NH–)の間に形成される水素結合による構造である．それに対して三次構造は，ペプチド骨格から突き出しているアミノ酸側鎖の間やアミノ酸側鎖と周囲の水との相互作用に関わる，水素結合，疎水性相互作用，イオン結合など，様々な要因の競合によって支えられる構造である．

　親水性のアミノ酸側鎖は分子の表面に位置している方が周囲の水との相互作用によって安定化しやすく，疎水性のアミノ酸側鎖は周囲の水から排斥されるため，分子の内側に入り込んで側鎖同士の疎水性相互作用により安定化しようとする傾向が強い．このため，多くのタンパク質は，分子の表面に親水性のアミノ酸残基が位置して分子内部には疎水性のアミノ酸残基が集まった，球に近い形の三次構造をとる．

　タンパク質はまた，システイン残基（表 4.1）同士の間で形成されるジスルフィド結合(–S–S–)，ミオグロビンやヘモグロビンのヘムや酵素タンパク質が活性を発揮するために必要な低分子である補酵素（☞ 第8章）との共有結合やイオン結合，金属イオンとの結合なども三次構造の形成と安定化に関与している（図 4.7 参照）．

　以下の項で学ぶように，個々のタンパク質が持つ機能は，それぞれに固有の三次構造によって形成される立体構造に依存している．このため，タンパク質が正しく機能するためには，正しい一次構造でアミノ酸を重合させるだけでなく，正しい三次構造となるように折り畳まれる必要がある．

4.2.4　タンパク質の四次構造

　一部のタンパク質では，機能を示すために 2 つ以上のポリペプチドを組み合わせることが必要なものがある．そのようなタンパク質では，構成単位となるポリペプチドを**サブユニット subunit** と呼び，正しい三次構造を持つサブユニットが水素結合や疎水性相互作用で機能を発揮するのに必要な形に組み合わされている．このようにして形成される構造をタンパク質の**四次構造 quaternary structure** と呼んでいる．また，二次から四次までの構造を合わせて，タンパク質の**高次構造**と呼ぶ．なお，一次から三次までの構造は，すべてのタンパク質が持っている構造であるが，四次構造を持つのは，サブユニットで構成される一部のタンパク質に限られる．

4.3　高次構造が決めるタンパク質の機能〜タンパク質が持つ無限の可能性

　前節でタンパク質の構造には階層性があり，それぞれのタンパク質は固有の高次構造を持つことを学んだ．本節では，タンパク質の機能に高次構造が関わっていることを理解できる典型的な例として，動物体内における酸素の運搬と貯蔵に関わるタンパク質である**ヘモグロビン**と**ミオグロビン**[注4]の立体構造と機能との関係を考えてみる．

4.3.1　ミオグロビンの立体構造と酸素保持の機能

　ヘモグロビンとミオグロビンはグロビン族と呼ばれるタンパク質で，ミオグロビンは，図 4.7 のような三次構造を持っている．この図では，小さな黒丸が個々のアミノ酸残基，それらを結ぶ線がペプチド結合の骨格を表し，骨格がらせん状に描かれている部分は α-らせんである．ミオグロビンは，分子の内側に疎水性アミノ酸がくることで，分子の体積を減らし，全体として球に近い形となることで，水の中で安定に存在できる三次構造を作っている．図の右上にあたる部分には，2 本の α-らせんが V 字状に開いた凹み（ヘムポケット）があり，ここに酸素を保持する役割を持つ "**ヘム**" と呼ぶ鉄を含む低分子（図 4.8，コラム記事）が結合している．このような構造を持つことによって，ミオグロビンは酸素を保持する機能を持つことになり，運動の際に必要となる酸素を筋肉組織に貯蔵しておくという役割を果たしている．

注 4）動物は，大気から取り入れた酸素を血流によって全身に運び，骨格筋や心筋など酸素消費が多い組織や器官の細胞には酸素を一時的に保持しておく仕組みを備えている．血液や筋肉の赤い色は，これらのタンパク質が大量に含まれているためである．

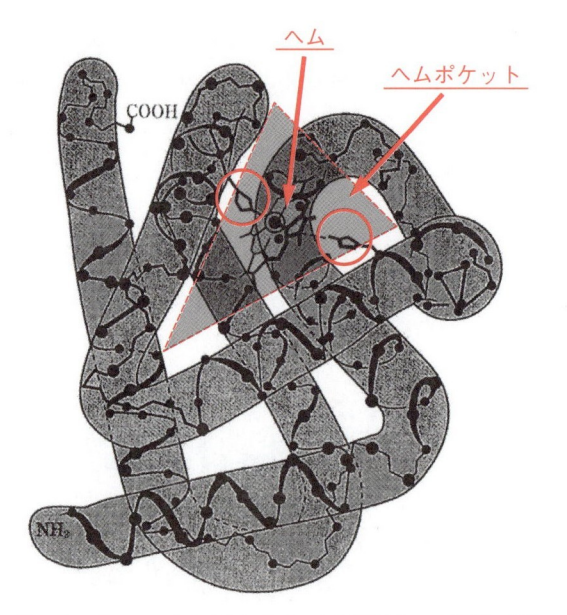

図 4.7　マッコウクジラのミオグロビンの三次構造　　　　図 4.8　ヘムの化学構造

> **コラム**　ヘム
>
> 　ヘムは，鉄（Fe）と配位結合したポルフィリンの誘導体で，図 4.8 の構造からわかるように分子全体がほぼ平面状になっており，鉄は 6 つある配位結合の 4 つでポルフィリンに配位結合し，分子の面に垂直な 2 つの配位結合でタンパク質や酸素と結合する．ヘムは 2 つの α-らせんに存在するヒスチジン残基（図 4.7 の赤丸）と配位結合している．これらのヒスチジンは一次構造では 30 残基程度離れている（図 4.9 の赤枠の H）が，正しい立体構造をとることでヘムを正しく保持できる位置にきている．このようなことを含めて，ヘムポケット周辺が適切な立体構造になることはミオグロビンの酸素結合に必須であり，分子全体の立体構造がそれを支えている．ミオグロビンは筋肉細胞中で酸素を保持する役割を持ち，酸素を保持する時にはタンパク質の立体構造がわずかに変化し，図 4.7 でヘムの右側に結合しているヒスチジンが離れて，酸素が鉄に結合する．このように，ミオグロビンがその機能を果たすには，分子の立体構造が重要な役割を果たしていることがわかる．

4.3.2　ヘモグロビンの四次構造が酸素の運搬という機能に果たす役割

　ヘモグロビンは，酸素の運搬という役割を果たすため，ミオグロビンと類似する三次構造でヘムを持つ α グロビンと β グロビンが 2 つずつ組み合わされた四次構造を持つタンパク質となっている．α グロビン，β グロビンとミオグロビンの一次構造の比較を図 4.9 に示すが，これら 3 つのタンパク質は α-らせん部分が共通し，図の赤枠をつけた鉄に結合する 2 つのヒスチジン（H）も同じ位置に

注5）この例のように，類似した機能を持つ同族のタンパク質は，お互いによく似た構造をもっている．

ある^{注5)}. その一方で，α，β グロビンの間では共通するアミノ酸が極めて多いが，ミオグロビンと共通しているアミノ酸はそれより少なく，この違いが α，β グロビンが4量体を形成できる理由になっている．

　ヘモグロビンが肺から末梢組織への酸素輸送に適した機能を持つことは，酸素分圧とヘモグロビンの酸素結合率の関係（図 4.10）に見ることができる．すなわち，ヘモグロビンは動脈血のような酸素分圧の高い環境では大部分が酸素と結合し，末梢組織のような酸素分圧が低い環境では 50% 以上が酸素を解離している．

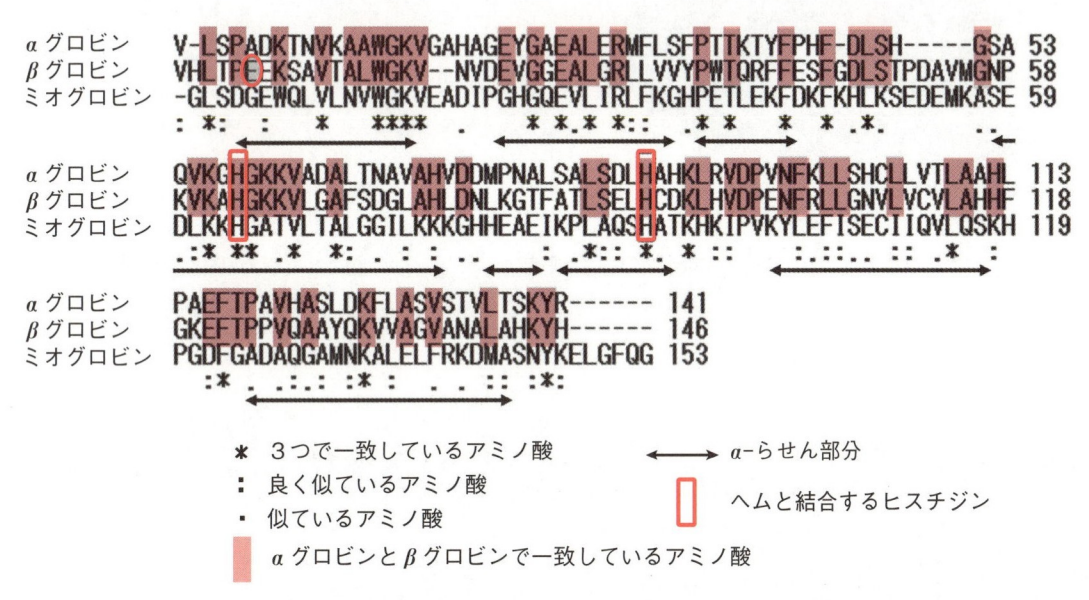

図 4.9　ヒトの α グロビン，β グロビンとミオグロビンの一次構造の比較

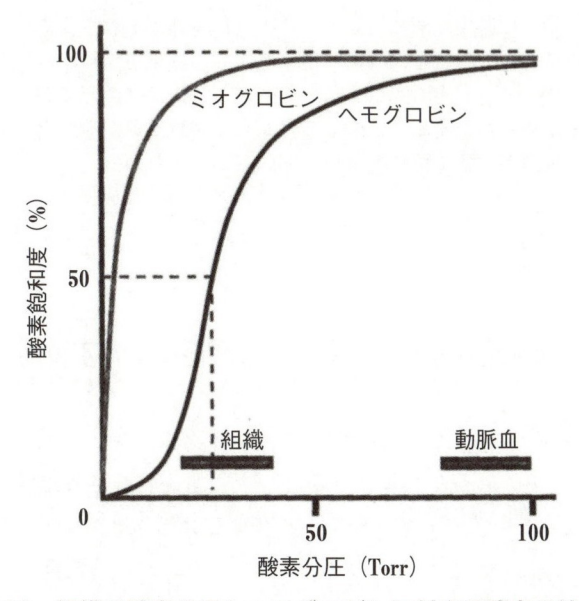

図 4.10　組織の酸素分圧とヘモグロビンに対する酸素の結合率

これによって，酸素分圧の高い肺で酸素と結合したヘモグロビンが，血流によって酸素分圧が低い末梢組織に来ると酸素を解離するという，酸素運搬機能を果たしている[注6].

　このような機能を可能にしているのは，ヘモグロビンの四次構造である．すなわち，4量体のヘモグロビンは，サブユニット間の相互作用によって，酸素を結合していない状態では，1つのサブユニットに酸素が結合すると他のサブユニットへの酸素結合が促進する一方，酸素を結合した状態で1つのサブユニットから酸素が解離すると，他のサブユニットからも酸素が解離するという性質を持っており，これが図 4.10 の酸素分圧に対する酸素結合率変化の原因となっている.

4.3.3　一次構造の変化がタンパク質の機能に与える影響

　ヘモグロビンの一次構造は，異なる動物種間でもほとんど変化しておらず（図 4.11），ヒト，ウマ，マウスの間に見られる α グロビンの一次構造の違いは，ヒトの α グロビン，β グロビン，ミオグロビンの一次構造間に見られる違い（図 4.9）よりはるかに少ない．前項で学んだように，タンパク質の機能はその立体構造によって決まり，立体構造は一次構造に依存するから，ヘモグロビンのようにその機能が高次構造に依存するタンパク質では，一次構造の変化がその機能に大きく影響することになる．このため，ヘモグロビンを構成する α，β グロビンの一次構造は変化しにくいと考えられる[注7].

　一次構造の変化が，そのタンパク質の本来の機能に関係しないところで障害を起こすこともある．その代表的な例がヒトの鎌状赤血球症である．鎌状赤血球症は，β グロビンの N 末端から 6 番目のグルタミン酸（図 4.9 の赤丸で囲った E）がバリンに置き換わることで起きる．このグルタミン酸はヘモグロビンの機能で

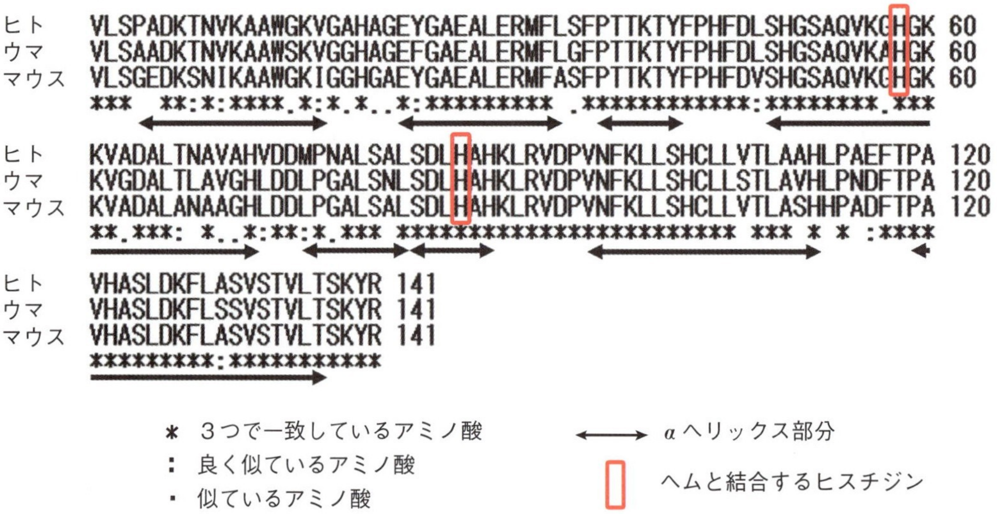

注6）図 4.10 にはミオグロビンの酸素結合率も示しているが，ミオグロビンは組織の酸素分圧でも高い酸素結合率を示す．この性質でミオグロビンは組織でヘモグロビンから解離した酸素を受け取って貯蔵する役割を果たしている.

注7）そのようなタンパク質では，機能に影響するような一次構造変化を起こす変異が淘汰されるため，結果として，現存する生物種間での一次構造の違いが小さくなるのであって，一次構造自体が変わりにくい訳ではない.

```
ヒト   VLSPADKTNVKAAWGKVGAHAGEYGAEALERMFLSFPTTKTYFPHFDLSHGSAQVKGHGK 60
ウマ   VLSAADKTNVKAAWSKVGGHAGEFGAEALERMFLGFPTTKTYFPHFDLSHGSAQVKAHGK 60
マウス VLSGEDKSNIKAAWGKIGGHGAEYGAEALERMFASFPTTKTYFPHFDVSHGSAQVKGHGK 60
       ***  **:*:****.*:*.*  *:*********** .***********.*******.****
```

```
ヒト   KVADALTNAVAHVDDMPNALSALSDLHAHKLRVDPVNFKLLSHCLLVTLAAHLPAEFTPA 120
ウマ   KVGDALTLAVGHLDDLPGALSNLSDLHAHKLRVDPVNFKLLSHCLLSTLAVHLPNDFTPA 120
マウス KVADALANAAGHLDDLPGALSALSDLHAHKLRVDPVNFKLLSHCLLVTLASHHPADFTPA 120
       **.***: *:..*:**:*.***.*.***************************** ** *.:****
```

```
ヒト   VHASLDKFLASVSTVLTSKYR 141
ウマ   VHASLDKFLSSVSTVLTSKYR 141
マウス VHASLDKFLASVSTVLTSKYR 141
       *********:***********
```

　　　　＊　3つで一致しているアミノ酸　　　　⟷　α ヘリックス部分
　　　　：　良く似ているアミノ酸
　　　　・　似ているアミノ酸　　　　　　　　　▯　ヘムと結合するヒスチジン

図 4.11　α グロビンの一次構造の動物種間における相同性

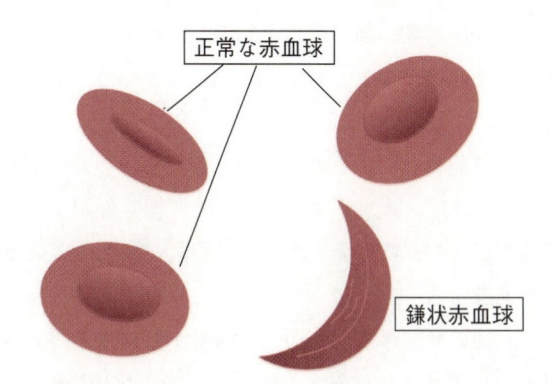

図 4.12　正常な赤血球と鎌状赤血球症に見られる鎌状赤血球

ある酸素との結合には関係していないが，親水性のグルタミン酸が疎水性のバリンに変わることでヘモグロビン分子表面の疎水性が増して凝集を起こし，赤血球が鎌状に変形し（図 4.12），赤血球膜が破壊されて貧血の症状が現れる．このように，タンパク質の立体構造に影響を与えないような分子の端のアミノ酸1つの変化がタンパク質の機能に対して大きな影響を与えることがある．

4.3.4　タンパク質の変性

　タンパク質の立体構造は，疎水結合や水素結合などに影響を与える熱や極端なpH の変化などによって破壊され，本来とは異なる立体構造に変化する**変性 denaturation** を起こす．変性したタンパク質は，元のタンパク質とは異なる立体構造になり，多くの場合に本来の機能を失っている．変性では多くの場合ペプチド結合の切断はなく，一次構造は変化しない．この事実は，タンパク質には一次構造が同じでも様々な立体構造があり，機能を発揮できるのはその中の特定の立体構造に限られることを意味している．

4.4　タンパク質の多様な機能の概要

　前節では，タンパク質には多様な分子が存在し得ることと，タンパク質の機能がその立体構造と密接に関係することを学んだ．生命に見られる様々な機能を支えているタンパク質は，その機能に基づいて分類されており，代表的なものは表4.2 のようにまとめることができる．

表 4.2　代表的なタンパク質の種類と機能

タンパク質の種類	機　能
酵素タンパク質	生体内で行われる様々な化学反応の触媒
情報タンパク質	細胞外からのシグナル分子の受容と細胞内への情報伝達
輸送タンパク質	細胞膜を横切る物質輸送
細胞骨格タンパク質	細胞の形態維持，細胞の運動
防御タンパク質	免疫など細菌やウイルスなどの病原体に対する防御
その他のタンパク質	DNA 結合タンパク質，ホルモンタンパク質，構造タンパク質，など

4.4.1　酵素タンパク質

　生体内で起こっている化学反応のほとんどは，**酵素 enzyme** の触媒作用によって進められている．タンパク質の最も重要な機能の 1 つは酵素としての働きであり，様々な代謝反応（☞ 第 8 章）は酵素の働きによって進められている．

　酵素の特徴は，作用する化合物（**基質 substrate**）とそれに与える化学変化に対して極めて高い特異性（**基質特異性**と**反応特異性**）を持っていることであり，この特徴は酵素がタンパク質であることによって実現されている．タンパク質である酵素は反応物よりはるかに大きな分子であり，反応物は酵素タンパク質の一部にある決まった場所（**活性部位 active site**）に結合する（図 4.13）．活性部位は反応物の立体構造に適合するような立体構造を持ち，決まった反応物だけを活性部位の正しい位置固定する（図 4.13 の A と B）．図に示すように活性中心に反応物が固定されることで，反応物同士が化学反応を起こすことができる状態で接触する頻度が反応物が無秩序に運動している溶液中の化学反応より著しく高まることになり，特異的な反応が効率よく進む．（☞ <u>酵素に関する詳しい専門的な知識は，薬学教育モデル・コアカリキュラム C6(3) に準拠する専門科目で学ぶ</u>．）

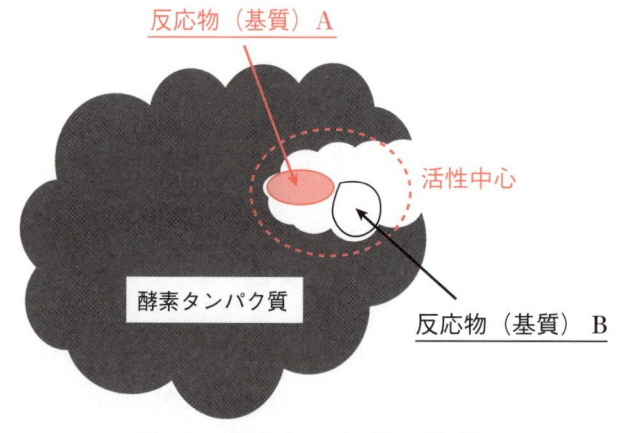

反応物（基質）A

活性中心

酵素タンパク質

反応物（基質）B

図 4.13　酵素タンパク質の模式図

4.4.2　情報伝達にかかわるタンパク質

多細胞生物は，個体としての機能を調節するため，離れた細胞間で情報交換を行っている．このためには，細胞間で情報を伝える分子（**シグナル分子 signal molecule**）と細胞がシグナル分子の情報を受け取る仕組みが必要である．シグナル分子には，ホルモン，サイトカインなどがあり，それらには低分子からタンパク質まで，様々な物質が使われている．（☞ 情報伝達物質についての具体的な知識は，**薬学教育モデル・コアカリキュラム C7(2)** に準拠する専門科目で学ぶ．）

シグナル分子の情報を受け取る役割は，細胞表面の**受容体 receptor** が担っている[注8]．受容体は一般に，細胞膜を貫通しているタンパク質であり，シグナル分子が結合すると立体構造が変化する．これによって細胞質側にある領域が活性化されて細胞内シグナル伝達分子が遊離され，細胞がシグナル分子の情報に反応する（図 4.14）．このように，細胞間の情報交換では，タンパク質による化学物質（この場合はシグナル分子）の立体特異的な認識が重要な役割を果たしている[注8]．（☞ 細胞内情報伝達の役割については，**薬学教育モデル・コアカリキュラム C6(6)** に準拠する専門科目で学ぶ．）

注8）受容体タンパク質がシグナル分子を認識する仕組みは，酵素が反応物を特定に認識するのと同様で，受容体タンパク質にシグナル分子の構造を認識して特異的に結合できる立体構造を持っている．

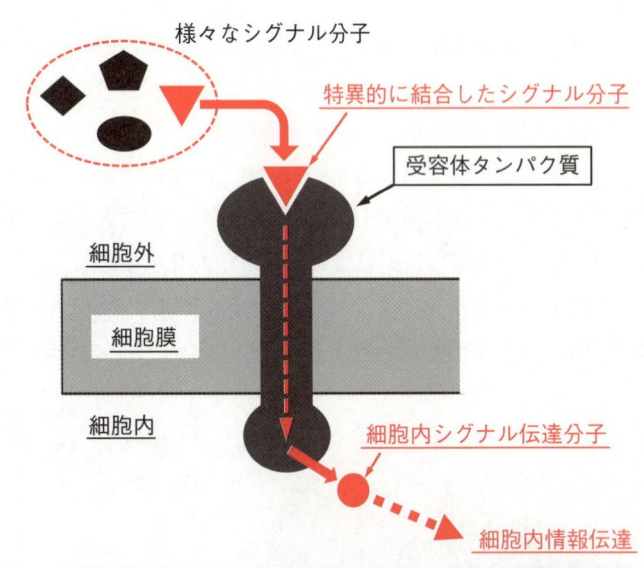

図 4.14　細胞膜を貫通する情報伝達タンパク質と情報伝達機構の概要

4.4.3　物質輸送を担うタンパク質

第 2 章で学んだように，細胞は細胞膜で環境から隔離された閉じた袋であり，生命活動を維持するには細胞膜を横切って細胞と環境との間で様々な物質交換を行う必要がある．そのため，細胞膜にはそれらの運搬を担っているタンパク質が

あり，細胞膜の特徴的な機能である**物質の選択的透過性**を実現している[注9]．これらの機能に関わるタンパク質には，糖質などの水溶性分子を運搬する**トランスポーター**（**膜内運搬タンパク質 membrane transporter**）と，イオンの輸送を受け持つ**イオンチャネル ion channel** の 2 種類があり，いずれも目的とするイオンや物質を，細胞膜を横切って決まった方向に輸送するための構造と機能を備えている（図 4.15）．すなわち，これらのタンパク質の多くは，円筒に近い形を持ち，外側には細胞膜の脂質二重層と結合できる疎水性のアミノ酸残基が集まっており，内側には，目的とする水溶性分子やイオンを選択的かつ決まった方向に運搬するための対象物に対する立体特異性を持つ，親水性の通路を備えている．
（☞ トランスポーターとイオンチャネルについては，**薬学教育モデル・コアカリキュラム C6(1)①，C6(3)④ 1.** に準拠する専門科目で学ぶ．また，医薬品の細胞への吸収や排泄にとトランスポーターの関係については，**薬学教育モデル・コアカリキュラム E4(1)** に準拠する専門科目で学ぶ．）

注9）細胞膜はリン脂質の二重膜であり，極性を持たない気体分子や脂溶性低分子は単純拡散で細胞膜を通過できるが，細胞機能に必要なイオンや水溶性物質は細胞膜を単純拡散で通過できない．また，細胞内の生命活動を維持するためには，必要な物質を細胞内に取り込み，不要な物質は細胞外に排出するという選択的な輸送が必要となる．

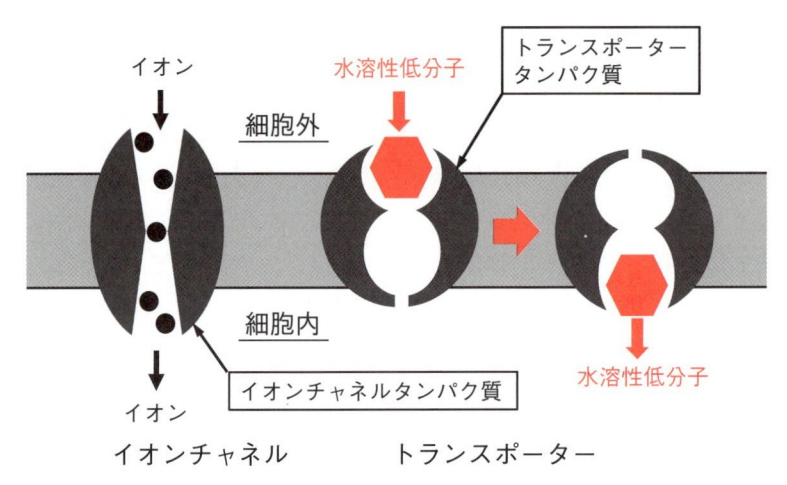

図 4.15　細胞膜を横切る物質輸送に関わる 2 種類のタンパク質（イオンチャネルとトランスポーター）

4.4.4　細胞の形態維持と細胞運動に関わるタンパク質

細胞の形態を保つ役割は細胞骨格が担っている．細胞骨格はタンパク質の繊維で，**ミクロフィラメント**（アクチンフィラメント），**微小管**，**中間径フィラメント**がある．
ミクロフィラメントは，球状のタンパク質である**G アクチン G-actin** がらせん状に重合した **F アクチン**の繊維であり（図 4.16），細胞膜の内側に網目状に分布して細胞膜を裏打ちすることで細胞の形を支えている（図 4.18）．ミクロフィラメントはまた，G アクチンの方向性を持った重合と解離によって一定方向に移動することで細胞膜の運動をひき起こす．

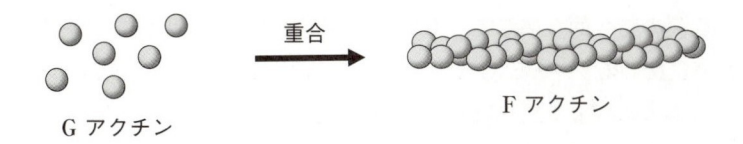

図 4.16　アクチンの重合によるアクチン繊維の形成

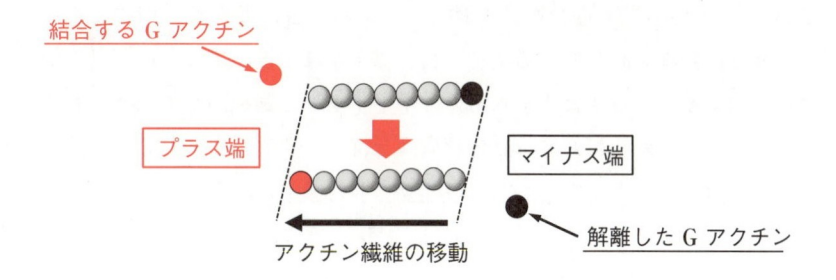

G アクチンの方向性を持つ重合によるアクチン繊維の移動
図 4.16　アクチンの重合によるアクチン繊維の形成

　微小管は，球状のタンパク質である**チューブリン tubulin** の二量体（α チューブリンと β チューブリンで構成される）が中空の管状に重合した繊維（図 4.17）である．微小管は，細胞質内に張り巡らされており（図 4.18），細胞の構造を支えるとともに，後述するモータータンパク質であるキネシンやダイニンが細胞内を移動する際のレールとなっている．

　中間径フィラメントは繊維状のタンパク質が集合したものである．中間径フィラメントを構成するタンパク質としては，**ラミン**，**ケラチン**などが知られており，

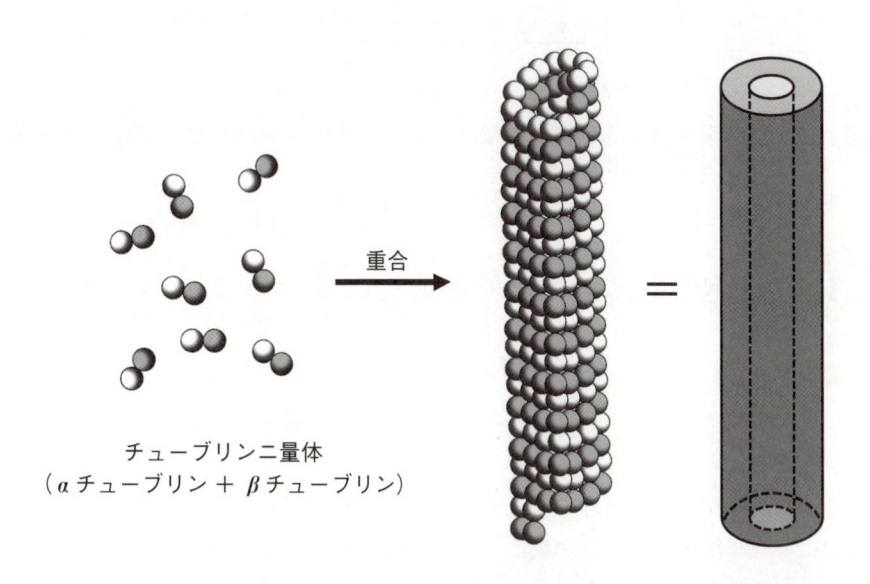

チューブリン二量体
（α チューブリン ＋ β チューブリン）

チューブリンがらせん状に重合した
中空の管状構造＝微小管

図 4.17　チューブリンの重合による微小管の形成

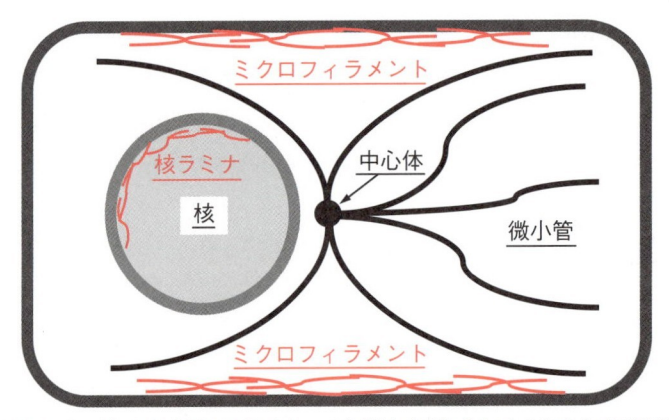

図 4.18　様々な細胞骨格タンパク質と細胞内における存在場所

　ラミンは核膜を裏打ちする核ラミナ（図 4.18）の成分としてすべての細胞に存在し，ケラチンは上皮細胞などに存在する．

　運動に関わるモータータンパク質の代表例はミオシン myosin である．横紋筋は，ミオシンフィラメントとアクチンフィラメントが規則正しく組み合わされたサルコメアと呼ぶ収縮単位で構成されている（図 4.19）．サルコメアは，アクチンフィラメントにミオシンフィラメントが挟まれたものが束になった構造（図 4.19（a））で，ミオシンフィラメントは頭部を両方向に向けて重合している．ミオシンは図 4.19（b）の構造を持ち，運動性を持つ頭部がアクチンフィラメントと接しており（図 4.19），サルコメアを構成するミオシンフィラメントの頭部が一斉に動くと両側のアクチンフィラメントがたぐりよせられてサルコメアが短縮する．筋肉を構成する筋細胞でこの動きが一斉に起こることで，筋肉全体の収縮が起きる．このように，タンパク質は規則正しく集合して極めて大きなまとまっ

（a）横紋筋の収縮単位（サルコメア）の収縮

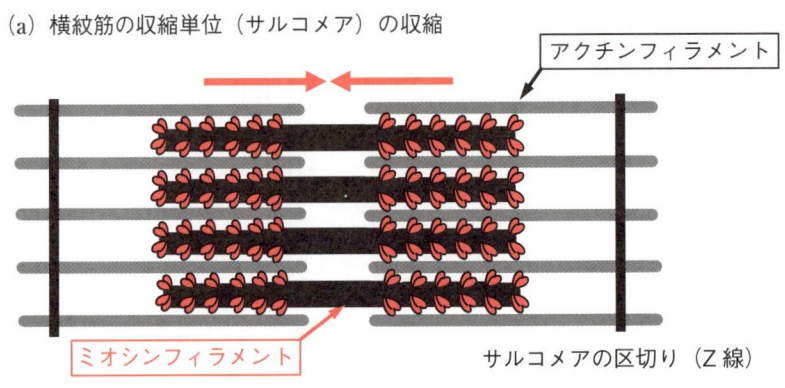

（b）ミオシン頭部の動きによるアクチンフィラメントのずれ

図 4.19　アクチン繊維とミオシン繊維による筋肉の運動機構

た力を発揮する働きもしている.

細胞内の物質輸送に関わる**ダイニン**と**キネシン**もモータータンパク質である. これらのタンパク質は,様々な物質を保持し,チューブリンと相互作用することで微小管上を移動[注10]して細胞内の物資輸送を行っている.

注10) この動きは原形質流動として観察される.また,鞭毛や繊毛の運動はダイニンと微小管の相互作用でひき起こされる.

4.4.5 生体防御タンパク質

動物は,病原体や自分のものではないタンパク質などを排除する生体防御機構を持っており,**免疫グロブリン immunoglobulin** と呼ばれるタンパク質が関わっている.免疫グロブリンは,図4.20の構造を持ち,侵入してくる多様な異物と特異的に結合して処理する抗体となる.免疫グロブリンのH鎖,L鎖のN末端部分に存在する可変部(図4.20)の一次構造には著しい多様性(理論的には150万種類が可能とされている)があり,様々な異物の特徴的な立体構造を認識して結合することができる多様な抗体が産生される[注11].このように,生体防御に関わる抗体タンパク質は,一次構造を変えることで多様な立体構造をとることができるというタンパク質の特徴を利用している.(☞ 生体防御の機構については,薬学教育モデル・コアカリキュラム C8(1)に準拠する専門科目で詳しく学ぶ.)

注11) 免疫グロブリンの遺伝子は,H鎖,L鎖の可変部を様々なアミノ酸配列に対応する多数の塩基配列の断片として持っている.抗体産生細胞は,それらの断片をランダムに組み合わせて免疫グロブリン遺伝子とすることで,多様な抗体を作り出す細胞群となる(このような免疫グロブリン遺伝子の特異な構造を解明した利根川進は,1987年に日本人として初のノーベル医学生理学賞を受賞した).

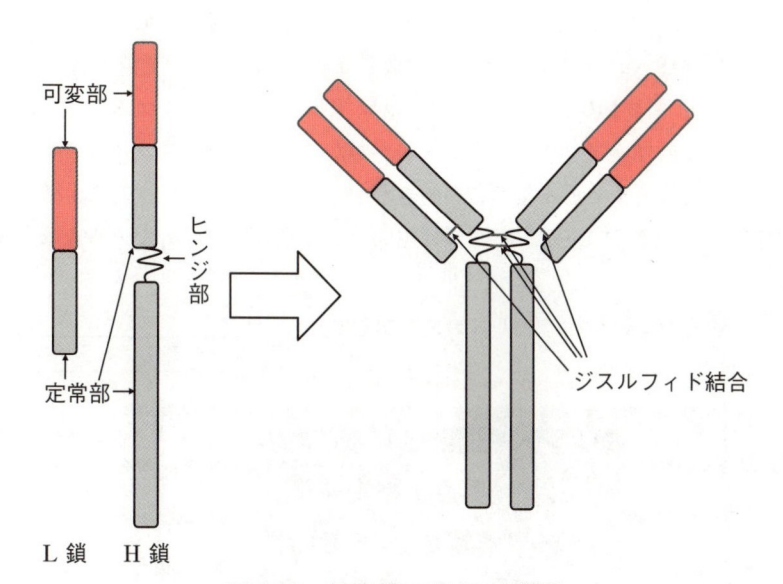

図4.20 免疫グロブリンの構造

4.4.6 その他のタンパク質

タンパク質には,これまでの項で学んだもの以外に第5章で学ぶことになる,遺伝子の情報の調節に働く DNA 結合タンパク質や,第10章で学ぶホルモンとして働くタンパク質,毛髪や爪の構成成分となりケラチンのように生理活性を示

さない構造タンパク質などがある.

4.5　医薬品とタンパク質

　前節で学んだように, 様々な生命活動はタンパク質の働きによって行われており, 個々のタンパク質がそれぞれの持つ機能を発揮する際には, それぞれに特異的な低分子化合物（酵素の基質, 受容体タンパク質のシグナル分子, 輸送タンパク質で輸送される分子など）との相互作用が必要である. タンパク質が決まった低分子化合物と特異的に相互作用できるのは, タンパク質がそれぞれに固有の立体構造（4.3 節）を持ち, 決まった構造の低分子化合物と立体特異的に相互作用するためである（図 4.13 ～ 15）. しかし, 多くのタンパク質は本来相互作用するべき低分子化合物だけでなく, 構造が類似した他の化合物とも相互作用する. 多くの医薬品は, 本来相互作用するべき化合物に代わって標的とするタンパク質と相互作用し, そのタンパク質の機能を変化させることで薬効を発揮している. 第 1 章で紹介したアスピリンなど, 古くから経験に基づいて開発された多くの医薬品も, その作用機構は特定のタンパク質に相互作用してその作用を変化させることで薬効を発揮している. このような事実から, 医薬品の作用機構を理解するには作用対象であるタンパク質に関する基礎知識が必要であることに気づいてほしい.

4.6　まとめ

① タンパク質は, 20 種のアミノ酸がペプチド結合で直鎖状に重合した高分子（ポリペプチド）で, 一次構造（アミノ酸配列）に無限といってよい多様性があり, タンパク質の基本的な性質は一次構造によって決まる.

② ポリペプチド鎖の折り畳みによって形成される立体構造（二次構造, 三次構造）, また複数のタンパク質分子の集合（四次構造）によって, 生命活動に必要なあらゆる要求に対応できる構造と機能を持つタンパク質が作られている. タンパク質の基本的な性質は一次構造によって決まるが, 機能は三次構造（ある場合は四次構造）に依存しており, 一次構造は変わらないが, 三次構造が変化してタンパク質の機能が失われる現象を変性という.

③ タンパク質には, 生体内の化学反応を特異的に進める酵素タンパク質, 生体内の情報処理に関わる受容体タンパク質, 細胞内外の物質やイオンの輸送に関わる輸送タンパク質, その他, 細胞の構造維持や生体防御に関わるタンパ

ク質など，様々な種類があり，生命を保つために必要な機能の大部分はタンパク質の働きによって支えられている．

④ タンパク質が生命機能に必須となる様々な機能を支える多様な分子を作り出すことができるのは，タンパク質の構造にほぼ無限の多様性があり，それぞれの役割に適した立体構造をとるためである．

⑤ 医薬品がその作用（主作用だけでなく副作用も）を発揮する際には，医薬品とタンパク質の相互作用が関わっている．大部分の医薬品はタンパク質と相互作用し，その働きを変化させることによって作用を発揮する．

第 **5** 章

ゲノム〜生命の設計図

　第1章で触れたように，生命の特性である "自己複製" は，自己の形質に関わる全情報である "ゲノム" を子孫に伝えることで実現される．また，前章で学んだように，生命活動はタンパク質の多彩な働きに支えられ，形質は個々の生物が持っているタンパク質の組み合わせによって決まっている．したがって，ゲノムの中核となるものは "自己を構成するすべてのタンパク質の情報" である．生物は，ゲノムの情報に基づいて自己のタンパク質を作り，ゲノムを複製して次世代に伝えている．本章では，生命の設計図であるゲノムの実体とその役割の概要を学ぶ．

5.1　ゲノム情報の記録媒体としての DNA

ゲノム情報を記録する媒体となる物質は次の三条件を満たす必要がある．
① タンパク質の一次構造情報を記録できること．
② 生物が生きている環境で化学的に安定していること．
③ 記録している情報の正確な複製と読み出しができること．
　これら3つの条件を兼ね備え，あらゆる生物に共通するゲノム情報を記録する媒体となっている物質が**デオキシリボ核酸 deoxyribonucleic acid（DNA）**である[注1]．本節では，DNA の化合物としての性質の概要を学び，DNA がゲノム情報の記録媒体となる条件を備えた物質であることを，化学的な観点から理解する．（☞ ゲノムや DNA，遺伝子，染色体についての詳しい知識は，**薬学教育モデル・コアカリキュラム C6(4)①** に準拠した専門科目において学ぶ．）

5.1.1　DNA の基本構造

　DNA は，図 5.1 に模式的に示す構造を持つ高分子で，**2-デオキシリボース 2-deoxyribose** と**リン酸**が交互に連結した直鎖状の骨格に**アデニン adenine（A）**，

注1）薬学に携わる者にとって必須の知識は，遺伝情報を記録している物質（遺伝子の実体）が DNA であるという事実である．本書ではこの事実から記述するが，この事実が発見され確定されるまでの研究過程は，今日の生命科学の原点ともいえる重要な科学史の1ページであるので，高校生物の教科書で扱っている程度の内容は教養として持っておく必要がある．

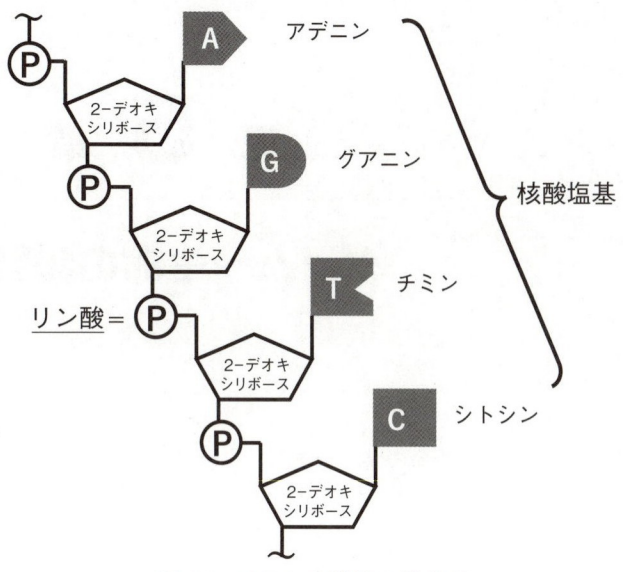

図 5.1　DNA の構造の模式図

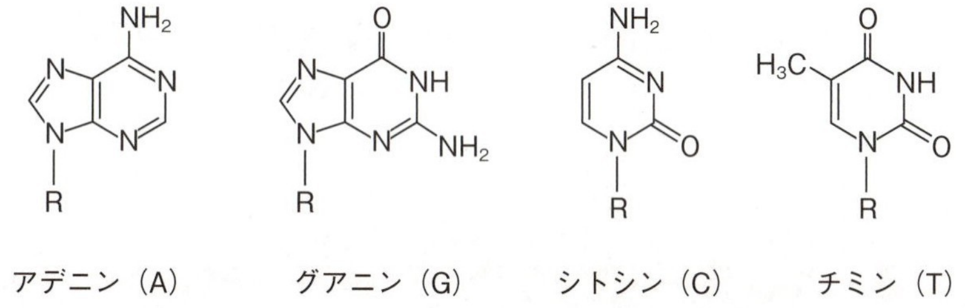

アデニン（A）　　　グアニン（G）　　　シトシン（C）　　　チミン（T）

図 5.2　DNA に含まれる核酸塩基の化学構造

グアニン guanine（G），チミン thymine（T），シトシン cytosine（C）という 4 種類の核酸塩基 nucleic acid base が結合している．DNA に含まれる 4 種の核酸塩基は図 5.2 に示す化学構造を持ち，"R" に DNA の骨格を構成している 2-デオキシリボースが結合している．（☞ 核酸とその構成成分に関する化学的な性質の詳細は，薬学教育モデル・コアカリキュラム C6(2)⑤ に準拠した専門科目で学ぶ.）

　DNA は，1′ 位に核酸塩基が結合した 2-デオキシリボース（この構造をヌクレオシド nucleoside[注2] と呼ぶ）を，リン酸が 3′, 5′-ホスホジエステル結合によって連結（図 5.3）した直鎖状の高分子であり，一方の端が 2-デオキシリボースの 5′-OH 基（5′ 末端），他方の端は 3′-OH 基（3′ 末端）となる方向性を持っている（図 5.4）．

　DNA 分子の骨格は，2-デオキシリボースとリン酸が 3′, 5′-ホスホジエステル結合で交互に繰り返し結合している単純な構造であるが，骨格に結合している核酸塩基が 5′ 末端から 3′ 末端に向けてどのような順序で並んでいるかによって分子としての構造が異なる．したがって，DNA 分子の構造は，5′ 末端から 3′ 末端に向かう塩基の並びを略号を用いて "5′ AGCG………G………CACT 3″" という

注 2）ヌクレオシドは，糖と核酸塩基の縮合物の一般名であり，DNA の構成単位となっているものは，デオキシリボヌクレオシドである．

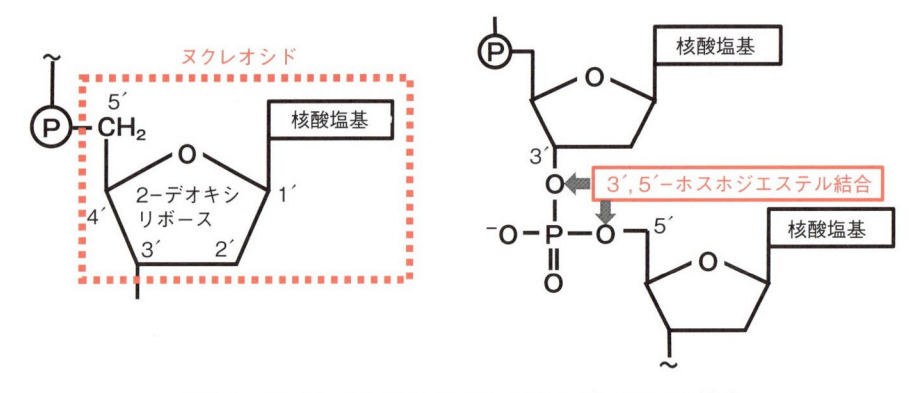

図 5.3 ヌクレオシドと 3′, 5′-ホスホジエステル結合

形で表すことができ（図 5.4），これを **DNA の一次構造**あるいは **DNA の塩基配列**と呼ぶ．

DNA の塩基配列は，塩基（A, T, G, C）を"文字"と考えると，文頭（5′末端）から文末（3′末端）に向けて並ぶ"文字列"になり，DNA は塩基配列によって"情報"を記録することができる分子ということになる．

ところで，図 5.4 に示しているように，DNA 分子の構成単位となる構造は，ヌクレオシドにリン酸が結合した**ヌクレオチド nucleotide**[注3] であり，DNA は 4 種類のデオキシリボヌクレオチド[注3] が 5′ 末端から 3′ 末端に向けて直鎖状に重合した高分子である．したがって，DNA の一次構造は，"DNA のヌクレオチド配列"とする方が適切かもしれないが，慣例的には"DNA の塩基配列"と呼ぶ．

注3）ヌクレオチドは，糖と核酸塩基の縮合物（ヌクレオシド）にリン酸が結合した化合物の一般名であり，生命エネルギーの"通貨"（☞ 第 9 章）である ATP もヌクレオチドである．DNA の構成単位となっているヌクレオチドは，糖がデオキシリボースであるため，正確にはデオキシリボヌクレオチドである．

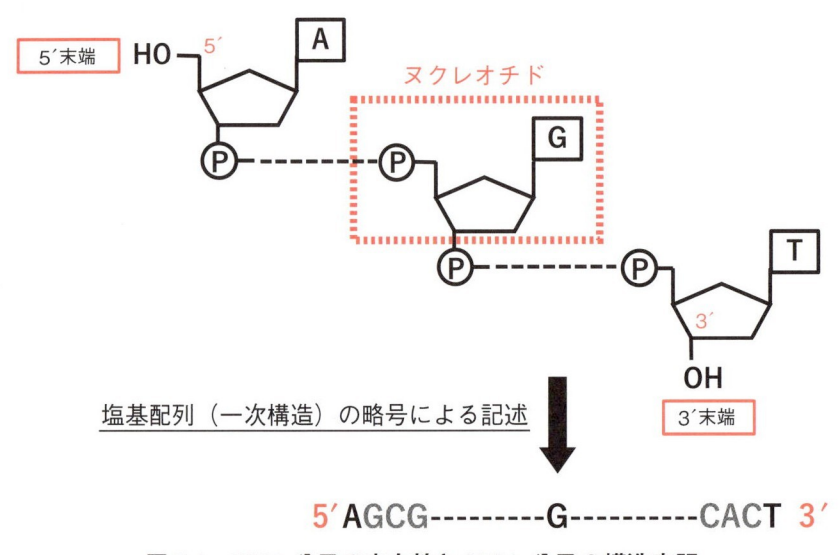

塩基配列（一次構造）の略号による記述

5′AGCG--------G----------CACT 3′

図 5.4 DNA 分子の方向性と DNA 分子の構造表記

5.1.2　DNA の塩基配列でタンパク質の一次構造情報を記録する仕組み

　生物は，タンパク質の一次構造情報を DNA の塩基配列によって記録している．タンパク質の一次構造の情報には，20 種類のアミノ酸の配列順序を記録しておかねばならない．4 種類の文字（A, T, G, C）を持つ DNA が，文字の配列によって定義できる情報量は，情報の単位に対応させる文字数を n とすれば，4^n となる．したがって，20 種のアミノ酸を定義するためには，理論上 1 つのアミノ酸を 3 文字（塩基）の配列で表すことが必要（$4^2 < 20 < 4^3$）となる．生物は，この理論予測通りに "3 つの塩基の配列で 1 つのアミノ酸を表す方法"（トリプレット・コード）によってタンパク質の一次構造情報を DNA に記録しており，"アミノ酸を指定する 3 塩基の配列（トリプレット）" をコドン codon と呼ぶ．

　4 種類の塩基から任意の 3 つを選ぶと 64 通りの配列ができるが，生物はそれらのすべてをコドンとして使っている（表 5.1）．このため，メチオニンとトリプトファン以外のアミノ酸では 1 つのアミノ酸に対して複数のコドンが対応しており，1 つのアミノ酸に複数のコドンが割り当てられている場合は，コドンの 1, 2

表 5.1　タンパク質を構成する 20 種のアミノ酸を指定する DNA のコドン

アミノ酸名	コドンの塩基配列（左が 5′ 末端，右が 3′ 末端）					
アラニン	GCA	GCC	GCG	GCT		
システイン	TGC	TGT				
アスパラギン酸	GAC	GAT				
グルタミン酸	GAA	GAG				
フェニルアラニン	TTC	TTT				
グリシン	GGA	GGC	GGG	GGT		
ヒスチジン	CAC	CAT				
イソロイシン	ATA	ATC	ATT			
リジン	AAA	AAG				
ロイシン	CTA	CTC	CTG	CTT	TTA	TTG
メチオニン（開始）	ATG					
アスパラギン	AAC	AAT				
プロリン	CCA	CCC	CCG	CCT		
グルタミン	CAA	CAG				
アルギニン	CGA	CGC	CGG	CGT	AGA	AGG
セリン	TCA	TCC	TCG	TCT	AGC	AGT
トレオニン	ACA	ACC	ACG	ACT		
バリン	GTA	GTC	GTG	GTT		
トリプトファン	TGG					
チロシン	TAC	TAT				
アミノ酸なし（終止）	TAA	TAG	TGA			

番目の塩基は共通している（表 5.1 の赤字）．

　コドンとアミノ酸の対応は 1：1 ではないが，"1 つのコドンには 1 つのアミノ酸しか対応していない"．このため，コドンが決まればアミノ酸が特定できる．また，メチオニンのコドンである "ATG" は，タンパク質分子の N 末端アミノ酸を指定する開始コドンとして使われ，対応するアミノ酸がない "TAA" など 3 つのコドンは，1 つのタンパク質の終わりを意味する終止コドンとして使われている．

　タンパク質の一次構造をゲノム DNA 分子に記録する原理は，図 5.5 に示すようなものである．ゲノム DNA には多数のタンパク質の情報が直列に記録されており，個々のタンパク質の一次構造を記録している領域は遺伝子として明確に区切られている．遺伝子領域となっている DNA には，タンパク質の一次構造の情報が開始コドンの ATG から連続した 3 つの塩基配列の組み合わせで記録されており，コドンとコドンの区切りを意味する塩基は存在せず，終止コドン直前の 3 つの塩基配列（C 末端アミノ酸を指定するコドンに相当する）で 1 つのタンパク質の一次構造の情報が終わる[注4]．

注 4）真核生物のゲノム DNA には，遺伝子に記録されているタンパク質の一次構造情報が，イントロンと呼ばれる無意味な塩基配列によって分断されており，N 末端から C 末端に至る一次構造が連続していない．（☞ *イントロンなど真核生物の遺伝子構造に関する詳しい内容は，薬学教育モデル・コアカリキュラム C6（4）② に準拠する専門科目で学ぶ*．）

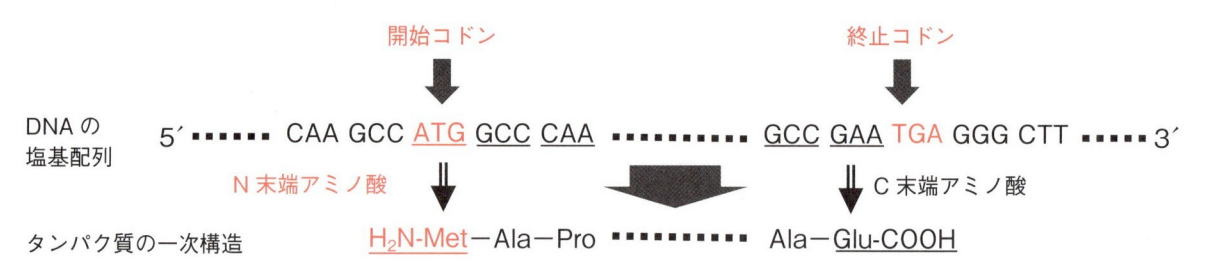

図 5.5　DNA の塩基配列によるタンパク質のアミノ酸配列情報の記録

コラム　**突然変異と遺伝的多型**

　DNA の塩基配列は，開始コドンから塩基配列を 3 つずつ区切って連続して読み取られる．このため，DNA の塩基配列が何らかの要因で変化するとタンパク質のアミノ配列が変化して生命機能や形質に影響を与える可能性を生じる．**突然変異 mutation** はこのような DNA の塩基配列の変化によって生じる現象である．しかし，DNA の塩基配列が変化すればタンパク質の性質が必ず変化するわけではなく，生命機能や形質に影響がない突然変異は極めて多い．このため，同一種の個体間でも DNA の塩基配列には多くの違いが認められ，これを**遺伝的多型 genetic polymorphism** という．特定の塩基配列中の 1 つの塩基が異なるものを**一塩基多型（SNP）single nucleotide polymorphism** といい，遺伝的多様性や病気への罹患しやすさや薬物の感受性などとの関係が注目されている．（☞ *突然変異や遺伝的多型に関する詳しい知識は，**薬学教育モデル・コアカリキュラム C6（4）⑤** に準拠した専門科目で学ぶことになる．また，一塩基多型が疾患や薬物感受性に与える影響については，**薬学教育モデル・コアカリキュラム E** に関わる内容を扱う様々な専門科目で学ぶ*．）

> <u>コラム</u>　**ゲノム DNA に記録されている情報**
>
> 　1990 年代半ばから，様々な生物のゲノム DNA の解読が進められ，大腸菌，酵母，ショウジョウバエ，線虫，マウスなど多くの生物やヒトのゲノム DNA が解読された．ヒトでは，遺伝子すなわち，タンパク質の一次構造情報を記録している部分は，ゲノム DNA 全体の約 1.5％に過ぎず，残りの部分には情報の読み出し制御などに関わっている領域があるが，役割がわからない部分もある．また，ヒトのゲノム DNA で確認された遺伝子は，2〜2.5 万個程度と推定されているが，ヒトを構成するタンパク質は約 10 万種類程度必要だとされており，ひとつ遺伝子の情報を基にして複数種のタンパク質が合成されていると考えられる．

5.1.3　DNA の立体構造とゲノム情報を安全に保存する仕組み

　ゲノム情報を記録している DNA は，2 分子の DNA が対になった**二重らせん double helix 構造**を持っている（図 5.6）．この構造は，2 分子の DNA がそれぞれの核酸塩基が向かい合うように並び，双方の分子の核酸塩基間に水素結合が形成されることによって保たれている．また，DNA の核酸塩基は分子の骨格から

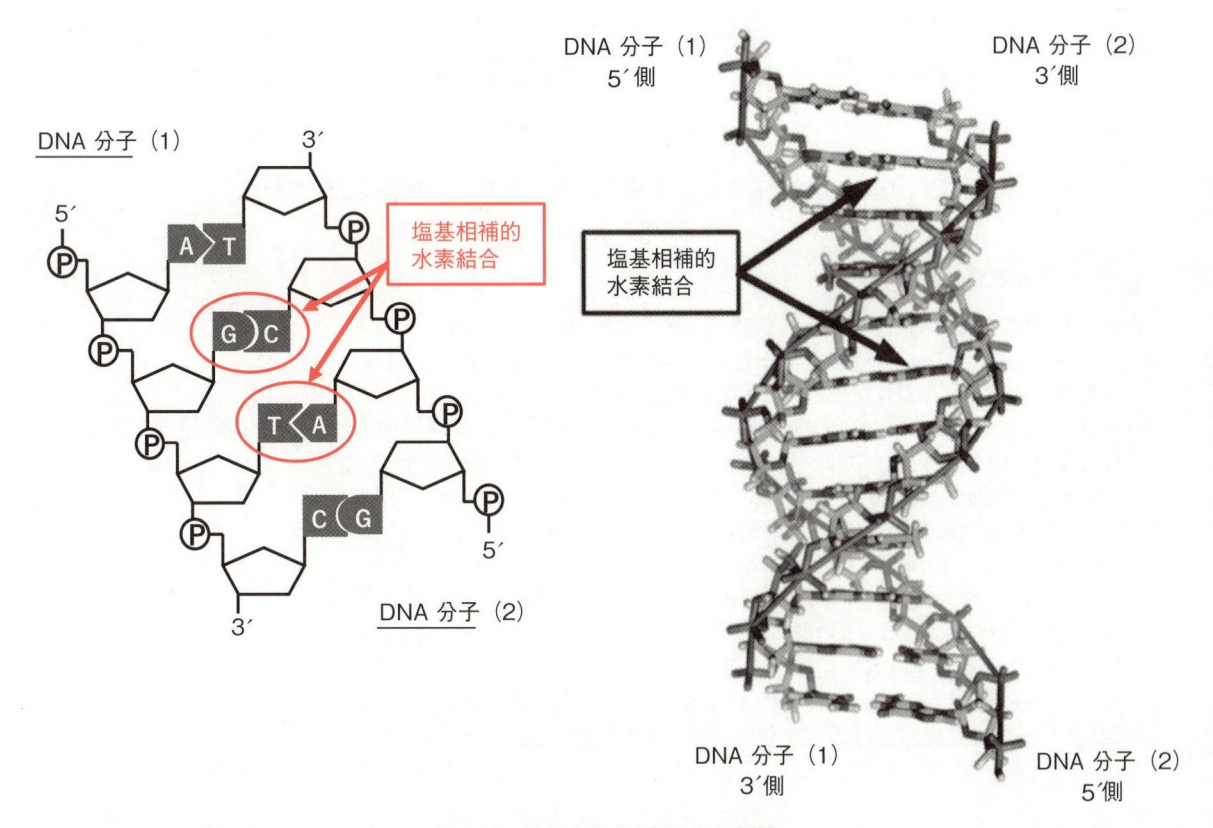

図 5.6　DNA の二重らせん構造

同じ方向に突き出しているため，二重らせん構造では，5′ → 3′ の向きが双方の鎖で逆になっている．

　DNA に含まれる 4 種の核酸塩基の間で安定な水素結合が形成できる組み合わせは，アデニン（A）とチミン（T），グアニン（G）とシトシン（C）に限られ，それらの間で**塩基相補的水素結合**が形成される（図 5.7）．したがって，二重らせん構造の DNA では，一方の分子の A は他方の分子の T と結合し，G は C と結合していることになる（図 5.6）．この事実と DNA を構成する核酸塩基が A，T，G，C の 4 種に限られていることを合わせると，二重らせん構造の DNA を構成する DNA の塩基配列は，相互に唯一無二の組み合わせ（**排他的相補的関係**）になっていることがわかる（図 5.7）．この事実から二重らせんを構成する 2 分子の DNA をお互いに**相補鎖 complementary chain** と呼び，一方の分子がゲノム情報を記録している**情報鎖**であれば，他方はそれに相補的な情報を持つ**鋳型鎖**ということになる．このように，DNA は情報とその鋳型を一組にして持つことで，ゲノム情報を安全に保存するとともに，5.4 節で学ぶゲノム情報の読み出しと，5.5 節で学ぶゲノム情報の複製の正確さを担保している．（☞ DNA の構造，化学的性質，および機能などについてのさらに詳しい内容は，**薬学教育モデル・コアカリキュラム C6(2)⑤ および C6(4)** に準拠した専門科目で学ぶ．）

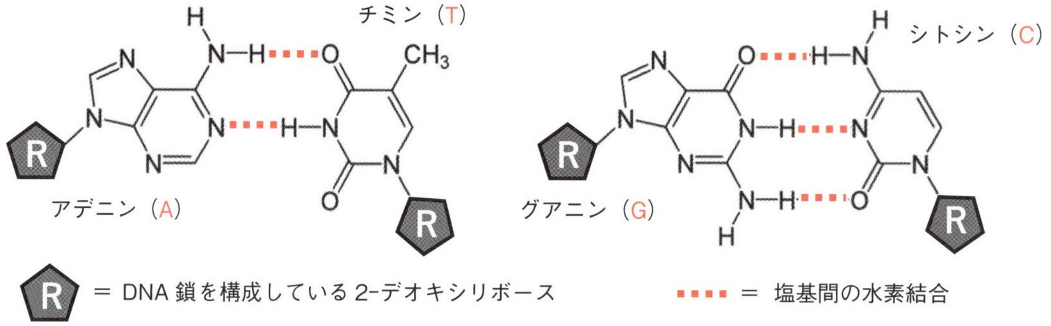

5′・・・-A-A-T-G-A-A-T-C-・・・3′
3′・・・-T-T-A-C-T-T-A-G-・・・5′

塩基相補的水素結合している 2 本の DNA 鎖の塩基配列は排他的相補関係

図 5.7　DNA に含まれる 4 種の核酸塩基の間で形成される水素結合

5.1.4　ゲノム DNA の折り畳みと染色体

　ゲノム情報を記録している DNA は長大な高分子であり，ヒトのゲノム DNA を1本の鎖として直線状に伸ばすと1 m を超える長さになる．このような DNA を細胞内に収納するためには，DNA 分子を整然と折り畳む仕組み（図5.8）が必要となる．真核生物がゲノム DNA を折り畳む仕組みでは，**ヒストン histone** と呼ばれるタンパク質が重要な役割を果たす．ヒストンは塩基性タンパク質で，8分子が集まって短い円筒の形をしたヒストン・コアを形成する．DNA は多数のリン酸基を持つ酸性物質（核酸）であるため，塩基性のヒストン・コアにイオン結合して巻きつき，**ヌクレオソーム nucleosome** と呼ぶビーズ状の構造をとる（図5.8）．ヌクレオソームとなった DNA は，超らせん構造を経てさらに折り畳まれ，**クロマチン繊維 chromatin fiber** となる（図5.8）．このような仕組みによってゲノム DNA はもつれることなく，コンパクトに折り畳まれる．

　分裂期ではない真核生物の細胞核を塩基性色素で染色して光学顕微鏡で観察すると，核全体に広がっている**クロマチン chromatin**（染色質）（☞ 第2章）を見ることができるが，染色される色の濃さは場所によって異なっている．これは，核内に広がっているゲノム DNA の折り畳み状態の違いに対応するもので，濃く染まっているヘテロクロマチンでは DNA が高度に折り畳まれており，薄く染まっているユークロマチンでは DNA の折り畳みが緩んでいる．高度に折り畳まれた DNA は，遺伝子の読み出しができないので，ヘテロクロマチン部分は分化し

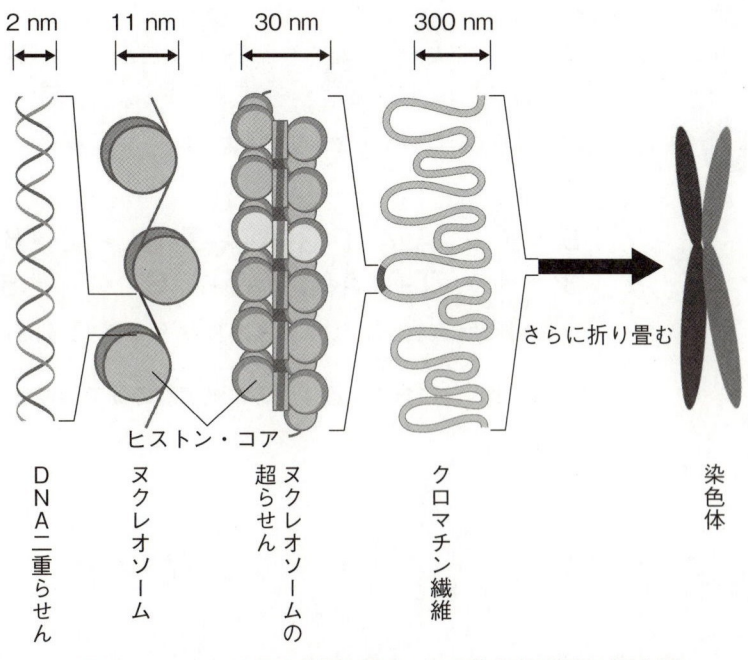

図5.8　DNA 分子の折り畳みによる染色体形成の概念図

た細胞（☞ 第6章）では使われていない遺伝子を記録している部分に相当すると考えられる.

　DNA の折り畳みによる遺伝情報の読み出しの制御は，多細胞生物における分化に関わる**エピジェネティック制御**で重要な役割を果たしている．エピジェネティック制御に関連する DNA の折り畳みの調節は，ヒストンのメチル化やアセチル化などによる修飾によっている．（☞ これらの詳細については，**薬学教育モデル・コアカリキュラム C6(4)④**に準拠した専門科目で学ぶ．）

　分裂期にある細胞内に出現する**染色体 chromosome** は，クロマチンが高密度に折り畳まれて凝縮した構造（図5.8）であり，染色体の数（ヒトでは23対）は決まっている．染色体は1分子の DNA を折り畳んだもので，染色体の数は細胞が持つ DNA 分子の数（ヒトでは23分子×2）に対応する．また，染色体は，細胞分裂で生じる2つの細胞（娘細胞）にゲノム DNA を送るために"荷造り"した状態であり，分裂を終えると娘細胞の核内で荷造りが解かれてクロマチンに戻り，その細胞に必要な情報が利用できる状態になる．

5.2　ゲノム DNA の情報に基づくタンパク質の合成〜遺伝子発現

　前節では，タンパク質の一次構造に関する情報（タンパク質の設計図）がゲノム DNA の塩基配列に記録されていることを学んだ．生命機能は，ゲノム DNA に記録されている情報に基づいてその生物に必要なタンパク質を正確に作ることによって維持されている．ゲノム DNA に記録されている個々のタンパク質の情報（＝遺伝子情報）を読み出してタンパク質を作る過程を，**遺伝子発現 gene expression** と呼ぶ.

5.2.1　遺伝子発現における情報の流れ

　ゲノム DNA からタンパク質に至る情報の流れは，図5.9のようになっている．この情報の流れは"DNA からタンパク質に向かう一方通行"であり，逆行することはない．この情報の一方通行は，生物がゲノムに記録されている情報に基づいてそれぞれの生物種としての安定性を保つために必須となる基本原理である．

　図5.9にあるように，ゲノム DNA に塩基配列として記録されている遺伝子の情報は，DNA とは異なる種類の核酸である**RNA（リボ核酸 ribonucleic acid）**の塩基配列に写され，RNA の情報がタンパク質の合成における直接の設計図として使われる．この RNA は，その役割にちなんで**メッセンジャー RNA messenger RNA（mRNA）**と呼ばれる．また，ゲノム DNA に塩基配列で記録されている遺伝子の情報を mRNA の塩基配列に写す過程を**転写 transcription**

と呼び，mRNA の塩基配列情報をタンパク質のアミノ酸配列に変換してタンパク質を合成する過程を**翻訳 translation** と呼んでいる．

DNA ⟶ RNA ⟶ タンパク質
転写　　　　　翻訳

図5.9　ゲノム DNA からタンパク質への情報の流れ

5.2.2　遺伝子の発現過程で働く核酸～ RNA

　RNA は，DNA の 2-デオキシリボースがリボースに置き換わった核酸で，核酸塩基として DNA と同じ A，G，C を含むが，DNA のチミン（T）の代わりに**ウラシル（U）**が使われている（図5.10）．また，ゲノム DNA は二本鎖であるが RNA は一本鎖である．（☞ <u>RNA の化学的性質についての詳しい知識は，**薬学教育モデル・コアカリキュラム C6(2)⑤** に準拠する専門科目で学ぶ</u>．）

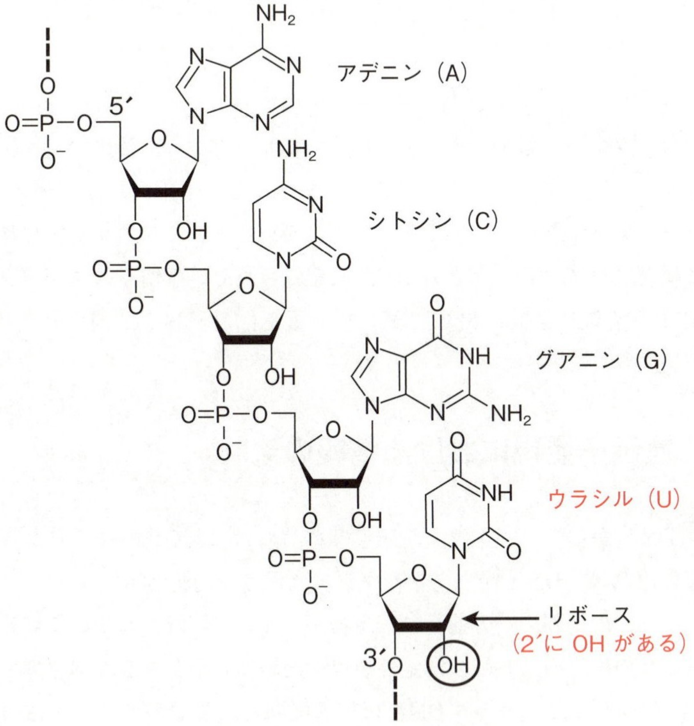

図 5.10　RNA 分子の化学構造

5.2.3　転写〜ゲノムDNAの塩基配列をRNAに写しとる仕組み

　転写は，ゲノム DNA の塩基配列を RNA に写す過程である．ゲノムの情報は，二重らせん構造を持つ DNA の一方の鎖である**情報鎖 coding strand**（または**センス鎖**）に記録されており，DNA の他方の鎖は相補的な塩基配列を持つ**鋳型鎖 template strand**（または**アンチセンス鎖**）となっている．DNA の情報鎖と鋳型鎖は，A：T と G：C という塩基相補関係で結びついているが，塩基相補関係は A と U の間でも成り立つので，ゲノム DNA の鋳型鎖に対して塩基相補関係にある RNA を作れば，その塩基配列はゲノム DNA の情報鎖と同じ（ただし，DNA の T が RNA では U）になる（図 5.11）．このようにして転写された RNA は，DNA の情報鎖に記録されているタンパク質の一次構造の情報[注5] をタンパク質の合成を行う場所に運ぶ "メッセンジャー" となる．

ゲノム DNA（二重らせん）

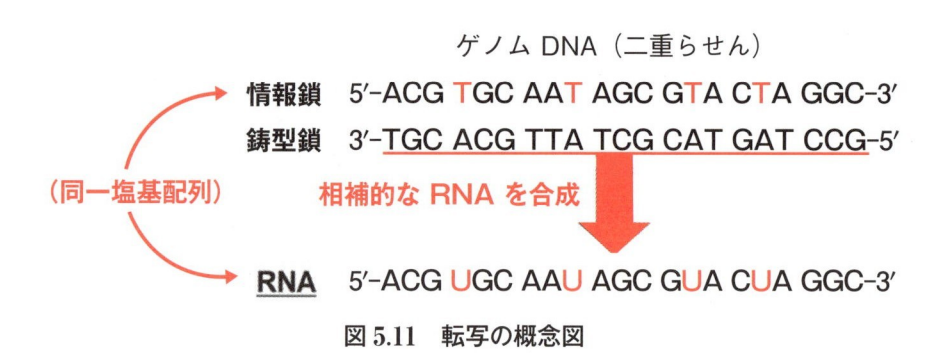

図 5.11　転写の概念図

注5）真核生物では，DNA に記録されているタンパク質のアミノ酸配列の情報がイントロンと呼ばれる情報を持たない塩基配列で分断されており，転写で生じた RNA にはイントロンに対応する塩基配列が含まれている．このため，真核生物では，転写された RNA からイントロンを除く過程（スプライシング）を経て，タンパク質のアミノ酸配列の情報となる mRNA としている．（☞ この仕組みについては薬学教育モデル・コアカリキュラム C6(4)④ に準拠した専門科目で学ぶ.）

　転写は，**RNA ポリメラーゼ RNA polymerase** と呼ばれる酵素によって行われる．RNA ポリメラーゼは次の ①〜③ の過程を触媒して DNA の情報を RNA に転写する：① DNA に結合して転写する場所で二重らせん構造を解離させ，② DNA 上を移動しながら鋳型鎖 DNA の塩基配列を 3′ 末端から 5′ 末端の方向に読み取り，③ それに相補的な塩基配列を持つ RNA を 5′ 末端から 3′ 末端の方向に伸長させる（図 5.12）．この過程で，RNA ポリメラーゼが移動する方向を情報の流れになぞらえ，転写が始まる DNA 鋳型鎖の 3′ 側（情報鎖の 5′ 側）を "**上流 upstream**"，RNA ポリメラーゼが移動する方向を "**下流 downstream**" と定義している（図 5.12）．転写がこの仕組みで行われることで，転写で生じた RNA の塩基配列は DNA 情報鎖の塩基配列と同じものとなる（ただし，5.3.3 項で述べたように DNA で T であった部分は U に置き換わっている）．

　真核生物には 3 種類の RNA ポリメラーゼがあり，タンパク質のアミノ酸配列の情報の転写を受け持つものは RNA ポリメラーゼ II で，I と III はそれぞれ，**リボゾーム RNA（rRNA）**と**トランスファー RNA（tRNA）**（後述）の情報を転写しているが，以下の項（5.3.4 項，5.3.5 項）では，RNA ポリメラーゼ II による転

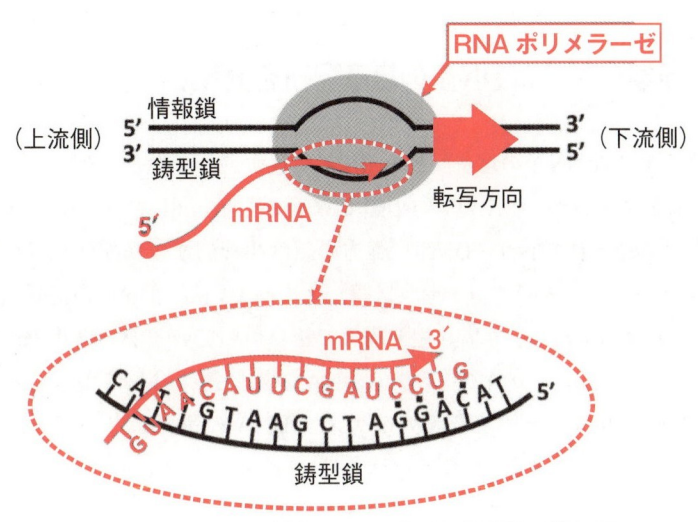

図 5.12　RNA ポリメラーゼによる転写の概念図

写について説明する．（☞ 原核生物を含めた転写に関する機構の詳細は，薬学教育モデル・コアカリキュラム C6(4)④ に準拠した専門科目で学ぶ．）

5.2.4　転写を遺伝子単位で行う仕組み

注6）原核生物では，機能的に関連する複数のタンパク質の遺伝子群（オペロンという）をまとめて転写することも知られている．

　真核生物の転写は，個々のタンパク質に対応する遺伝子ごとに行われる[注6]．真核生物では個々の遺伝子はゲノム DNA 上に散在しており，タンパク質のアミノ酸配列情報を記録している**コーディング領域 coding region** の両側には転写の "始まり" を示す**転写開始点**と "終わり" を意味する**転写終結点**の情報が書き込まれ，転写開始点とその上流には，転写を制御する**プロモーター promoter**と呼ばれる領域がある（図 5.13）．

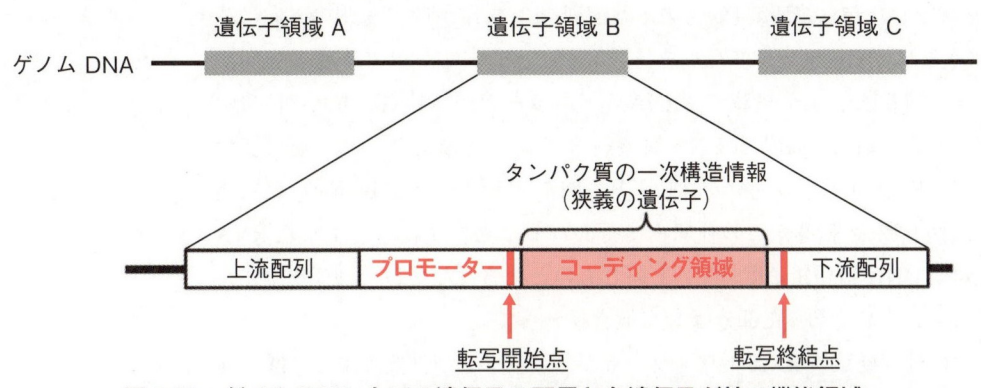

図 5.13　ゲノム DNA 上での遺伝子の配置と各遺伝子が持つ機能領域

　転写を始める際には，プロモーターに**基本転写因子 basic transcriptional elements** と呼ばれる一群のタンパク質が結合する（図5.14）．プロモーターに基本転写因子が結合すると（①），それに導かれて RNA ポリメラーゼⅡが転写開始点付近に結合して転写が始まる（②）．RNA ポリメラーゼⅡは，DNA 上を転写開始点から下流に向かって移動しながら mRNA を伸長させ（③），転写終結点に達すると転写を止めて DNA から解離し，mRNA を遊離する（④）．DNA から解離した RNA ポリメラーゼⅡは転写開始点に戻って次の転写を行う（⑤）．この過程は，基本転写因子がプロモーターから解離するまで繰り返され，多数の mRNA が作られる．これは，1つしかないオリジナル情報である DNA からコピー情報である mRNA を沢山作ることによって，タンパク質を効率よく産生できるようにする仕組みである．

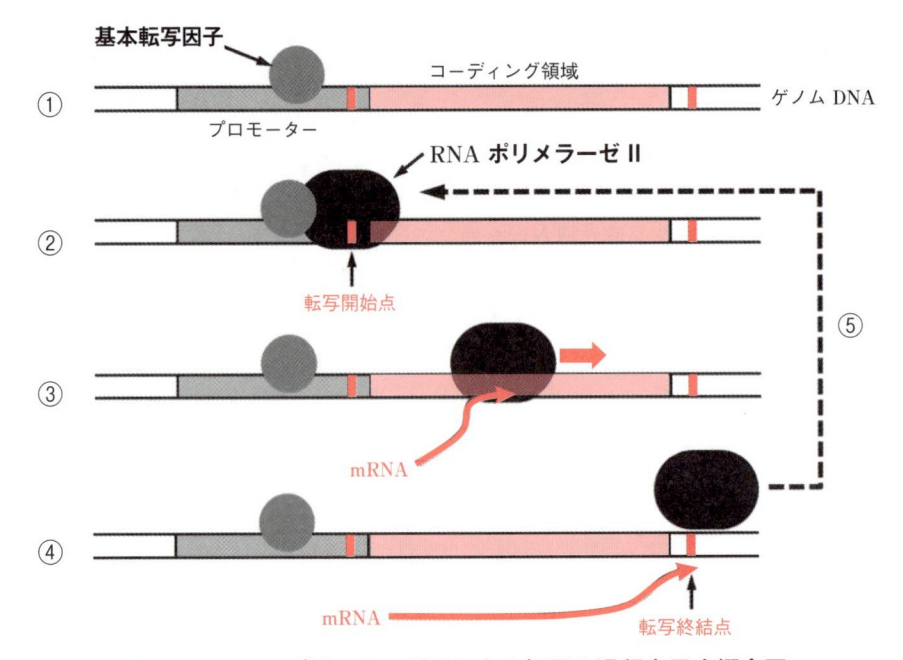

図 5.14　RNA ポリメラーゼⅡによる転写の過程を示す概念図

5.2.5　転写の調節

　生命機能を正しく維持するには，必要な時に，必要なタンパク質を，必要な量だけ作ることが不可欠である．そのためには，必要なタンパク質の情報を的確に読み出し，その情報に基づいて作るタンパク質の量を適切に調節することが必要となる．タンパク質を作るには設計図となる mRNA が必要であるから，どのタンパク質を作るかは転写する遺伝子を選ぶことによって決まる．また，設計図となる mRNA を読みとってタンパク質を作る速さは同じ細胞内であれば mRNA の種類に関わらずほぼ同じであるため，単位時間に作られるタンパク質の量は

mRNA の量に依存する．したがって，あるタンパク質を必要な量だけ作るためには，そのタンパク質の遺伝子を，必要な量の mRNA が蓄積されるまで転写すればよいことになる．このように，タンパク質合成の基本的な調節は転写の段階で行われている．（図 5.15）.

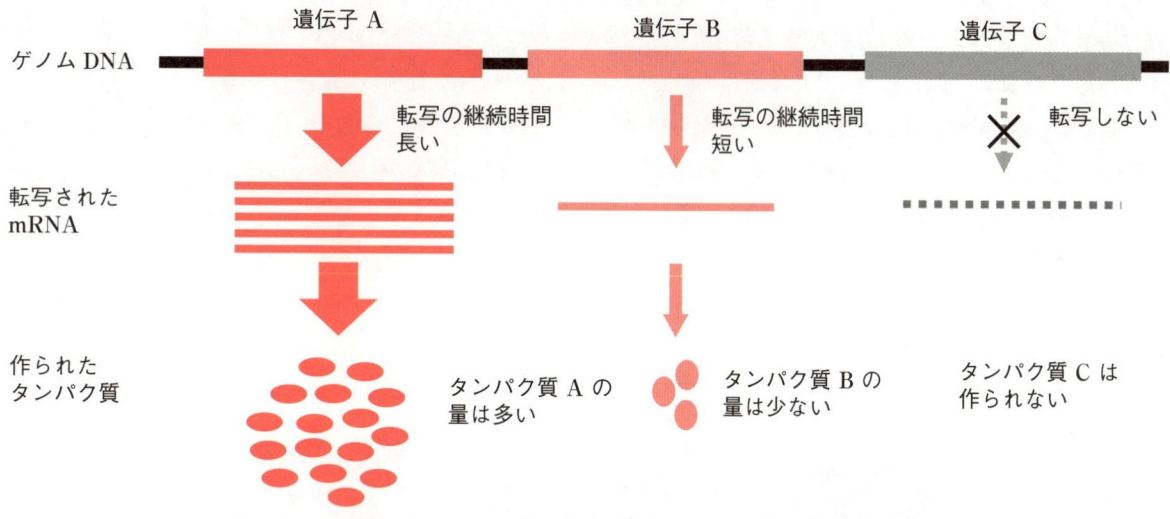

遺伝子 A　　　　　　　遺伝子 B　　　　　　　遺伝子 C

ゲノム DNA

転写の継続時間
長い

転写の継続時間
短い

転写しない

転写された
mRNA

作られた
タンパク質

タンパク質 A の
量は多い

タンパク質 B の
量は少ない

タンパク質 C は
作られない

図 5.15　必要なタンパク質を必要な量だけ合成する仕組みの概念図

前項（図 5.14）で述べたように，プロモーターに基本転写因子が結合している間は転写が継続する．したがって，転写される mRNA の量は基本転写因子がプロモーターに結合している時間に依存することになり，転写の調節はプロモーターへの基本転写因子の結合を制御することによって行われる．

真核生物では，プロモーターと基本転写因子との結合を，遺伝子から離れた上流領域にある**応答エレメント response element** と呼ばれる塩基配列への**転写因子 transcription factor** と呼ばれるタンパク質の結合によって制御している[注7]．調節する遺伝子から離れた場所にある応答エレメントに結合した転写因子は，DNA の鎖がループ化することでプロモーター領域に近づき，基本転写因子をプロモーターに結合させる（図 5.16）. 応答エレメントには様々な塩基配列があり，それぞれの塩基配列を特異的に認識する転写因子がある．この機構で行われる調節で，転写因子が基本転写因子をプロモーターに結合させて転写をオンにするように働く応答エレメントを**エンハンサー・エレメント enhancer element** と呼ぶ．これとは逆に，オンになっている転写を転写因子の結合が抑制する応答エレメントを**サイレンサー・エレメント silencer element** と呼ぶ．

以上をまとめると，転写はタンパク質の合成に必要な一次構造の情報（タンパク質の設計図）をゲノム DNA から mRNA に写し取る過程であるとともに，ゲノムに記録されている多数の遺伝子の中から，その細胞がその時に必要とするものを選び，必要なタンパク質を必要な量だけ産生するよう調節する役割を持っている．（☞ RNA ポリメラーゼ，プロモーター，基本転写因子，転写因子に関する具体

注 7）原核生物の転写調節の仕組みは異なるがここでは取り上げない．

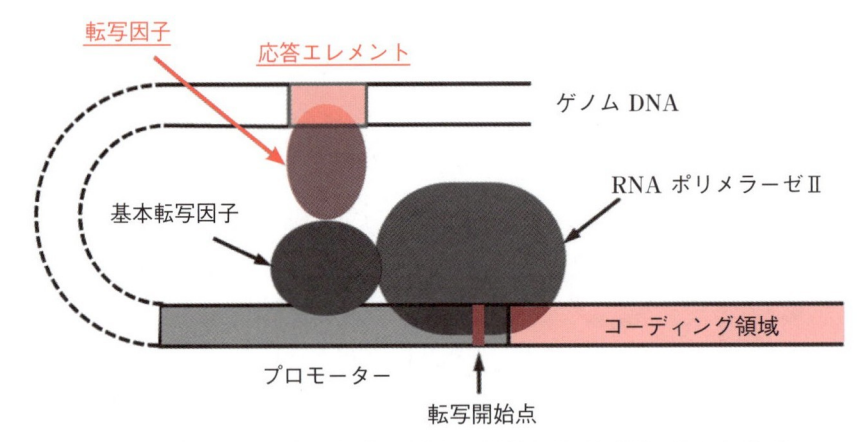

図 5.16　RNA ポリメラーゼ II による転写の開始とその調節に関わる仕組みの概念図

的な説明や，転写の分子機構，転写調節機構などに関わる詳しい知識は，<u>**薬学教育モデル・コアカリキュラム C6 (4) ④**</u> に準拠した専門科目で学ぶ.）

5.2.6　mRNA の情報をタンパク質の一次構造に対応させる翻訳の仕組み

　mRNA は，核膜孔（☞ 第 2 章）を通って細胞質に移動してタンパク質の合成の設計図となる．mRNA の情報に基づいてタンパク質を合成する過程では，"塩基配列の言語" で記述された mRNA の情報[注8] を，タンパク質の "アミノ酸配列の言語" に "翻訳" していることになる.

　mRNA のコドンとアミノ酸とを対応させる役割は，**トランスファー RNA transfer RNA（tRNA）** と呼ぶ小型の RNA が担っている．tRNA は特有の立体構造（図 5.17 左）を持ち，3′ 末端部分に**アミノ酸受容アーム**（末端の A の 3′ 水酸基とアミノ酸がエステル結合する），分子の中央付近に**アンチコドン anticodon** と呼ぶ 3 塩基から成る配列を持っている．タンパク質を構成する 20 種のアミノ酸のそれぞれと特異的に結合する tRNA は，アンチコドンとして対応するアミノ酸のコドンと塩基相補関係にある塩基配列を持っている（図 5.17 右）[注9]．したがって，tRNA を仲立ちとすれば，mRNA のコドンとアミノ酸とが対応させることができる．これが mRNA に記録されている情報通りの正しいアミノ酸配列を持ったタンパク質を作る基本原理（図 5.17 右）になっており，ここでも塩基相補関係（この場合は A：U と G：C）が鍵となっている.

注 8）mRNA が持つ情報は，DNA の情報鎖の塩基配列をそのまま写し取ったものである．ただし，RNA では DNA の T に対応する塩基が U になっているので，mRNA のコドンは表 5.1 の T を U に置き換えたものとなる.

注 9）1 種類のアミノ酸に複数のコドンがある場合，コドンの 1，2 文字目は同じで 3 文字目（3′ 末端側）の塩基が異なる．このため，コドンの 3 文字目とアンチコドンの 1 文字目（5′ 末端側）の塩基相補性を曖昧にすることで，1 種類の tRNA で同じアミノ酸の複数のコドンに対応している.

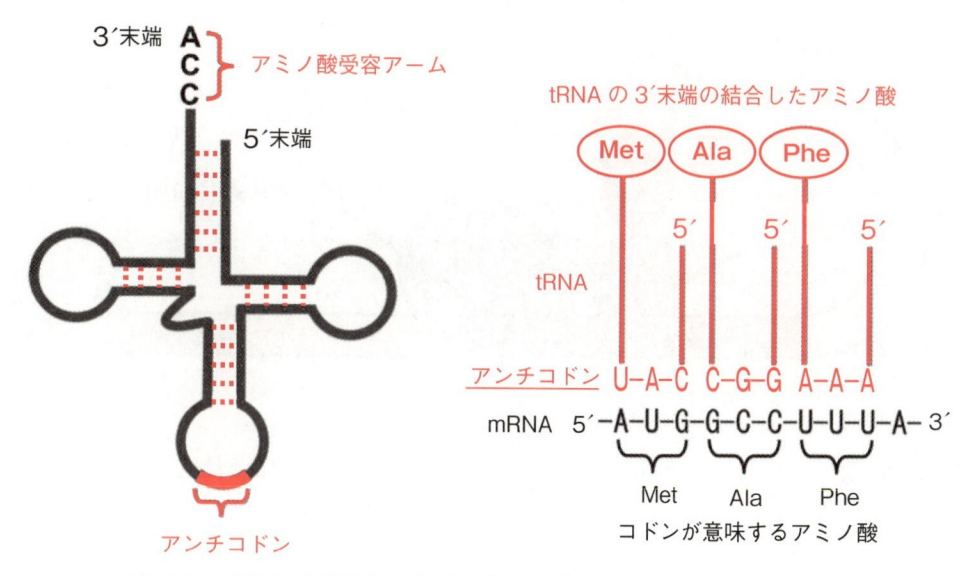

図 5.17　tRNA の構造とアンチコドンによる mRNA のコドンの認識

5.2.7　アミノアシル tRNA の生成

　タンパク質合成に先立ってアミノ酸を tRNA に結合させて**アミノアシル tRNA　aminoacyl tRNA** を生成する過程は，**アミノアシル tRNA 合成酵素 aminoacyl tRNA synthetase** によって触媒される．この酵素は，ATP によってアミノ酸を活性化した後，そのアミノ酸に特異的な tRNA の 3′ 末端のアデニン（A）にエステル結合させる（図 5.18）．アミノアシル tRNA 合成酵素は，こ

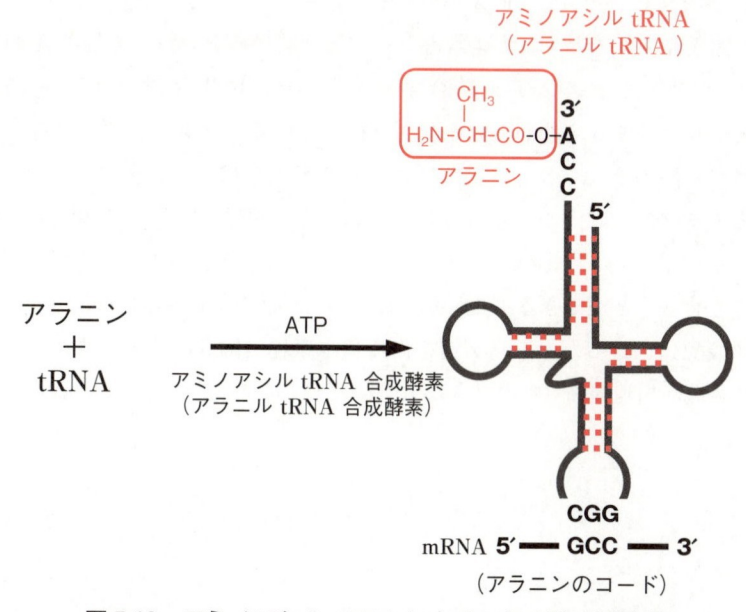

図 5.18　アミノアシル tRNA によるアミノ酸の活性化

の反応を触媒する酵素の総称であり，各アミノ酸に特異的な酵素（図5.18の例ではアラニル tRNA 合成酵素）がある．この事実は，この酵素がアミノ酸と tRNA のアンチコドンを正しく対応させる役割を持ち，ゲノム情報通りの正しいアミノ酸配列を持つタンパク質を作る上で，コドンとアンチコドンの塩基相補関係と並ぶ重要な役割を持っていることを意味している．

5.2.8 タンパク質の合成

　タンパク質の合成は，リボゾーム（☞ 第2章，図2.7）上で行われる．タンパク質の合成は，メチオニル tRNA（開始コドン "AUG" に対応するアミノ酸が結合した tRNA）とリボゾームの小サブユニットの複合体が mRNA の 5′ 末端近くに結合することで始まる．メチオニル tRNA と結合したリボゾームの小サブユニットが mRNA 上を 3′ 末端に向けて移動し，tRNA のアンチコドン（UAC）が開始コドン（AUG）と結合すると，リボゾームの大サブユニットが結合して開始複合体 initiation complex が形成される（図5.19）．リボゾームには，tRNA が結合できる場所が2つ並んでいるが，開始複合体でメチオニル tRNA が結合しているのはその一方の P（ペプチジル）部位であり，mRNA の 3′ 末端側にある A（アミノアシル）部位には何も結合していない．

　開始複合体が形成された後は，図5.20 の（1）〜（5）の過程で，mRNA のコドンを読み取りながら，塩基配列で指定されたアミノ酸配列を持つペプチド鎖が伸長して行く．すなわち，（1）でメチオニル tRNA が結合している P 部位に隣接した A 部位に mRNA の 2 番目のコドンに対応するアミノ酸 ② を持つアミノアシル tRNA が結合し，（2）P 部位のメチオニル tRNA に結合していたメチオニ

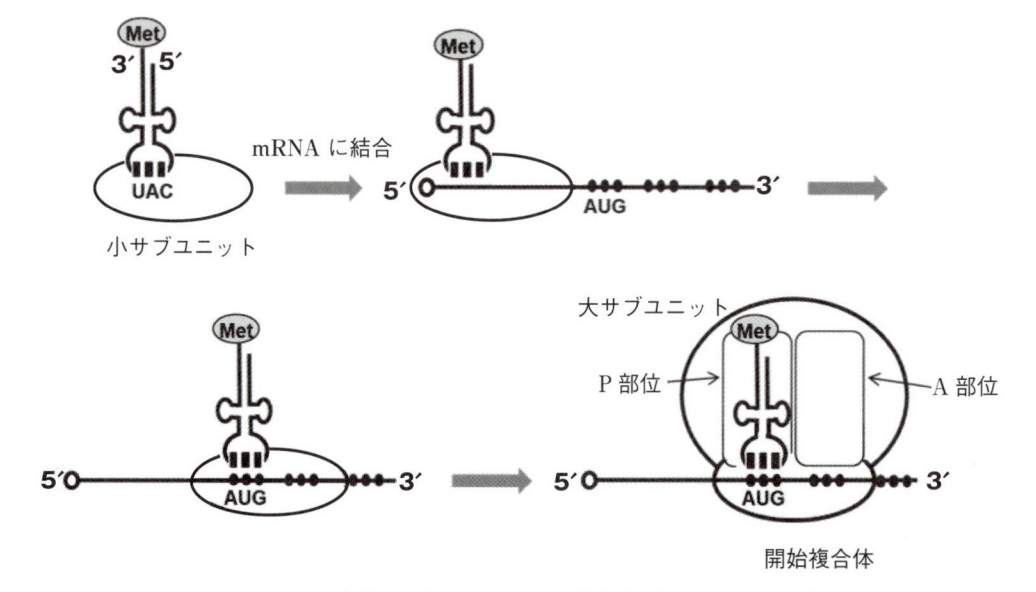

図5.19　リボゾーム上でタンパク質合成が開始される過程

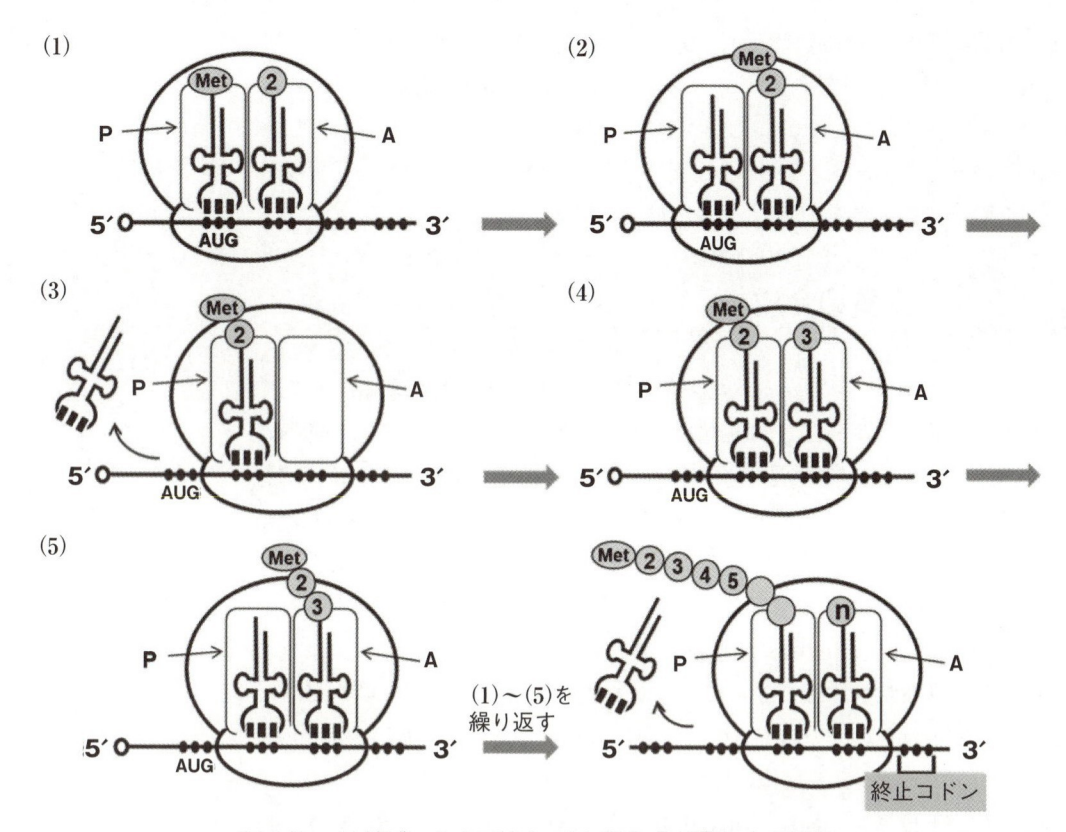

図 5.20 リボゾーム上でタンパク質合成が進行する過程

ンが，A 部位に結合したアミノアシル tRNA の"アミノ酸②"のアミノ基に転移してペプチド結合を形成する．その結果，A 部位の tRNA はメチオニンと"アミノ酸②"からなるジペプチドを持つ**ペプチジル tRNA peptidyl tRNA** となり，P 部位にはアミノ酸を持たない tRNA が残される．この状態でリボソームが mRNA 上を 3′ の方向へコドン 1 つ分だけ移動（**トランスロケーション translocation**）し，(3) A 部位にあったペプチジル tRNA が P 部位に移って A 部位が空になる．すると，(4) A 部位に 3 番目のコドンに対応する"アミノ酸③"を持ったアミノアシル tRNA が結合し，(5) P 部位のペプチジル tRNA のジペプチドが A 部位に結合したのアミノアシル tRNA の"アミノ酸③"のアミノ基に転移してペプチド結合を形成してペプチド鎖が伸長する．その後は，(3)〜(5) の過程を繰り返すごとに mRNA のコドンで指定されたアミノ酸が 1 つずつ追加され，mRNA の情報通りのアミノ酸配列を持つポリペプチド鎖が伸長する．

　図 5.20 の過程を繰り返してリボゾームが mRNA の 3′ 末端付近に達すると，A 部位に相当する場所に終止コドン（UAA，UAG，UGA のいずれか）が現れる．終止コドンには対応する tRNA がないため，A 部位にはアミノアシル tRNA ではなく**終結因子 termination factor** と呼ばれるタンパク質が結合する．終結因

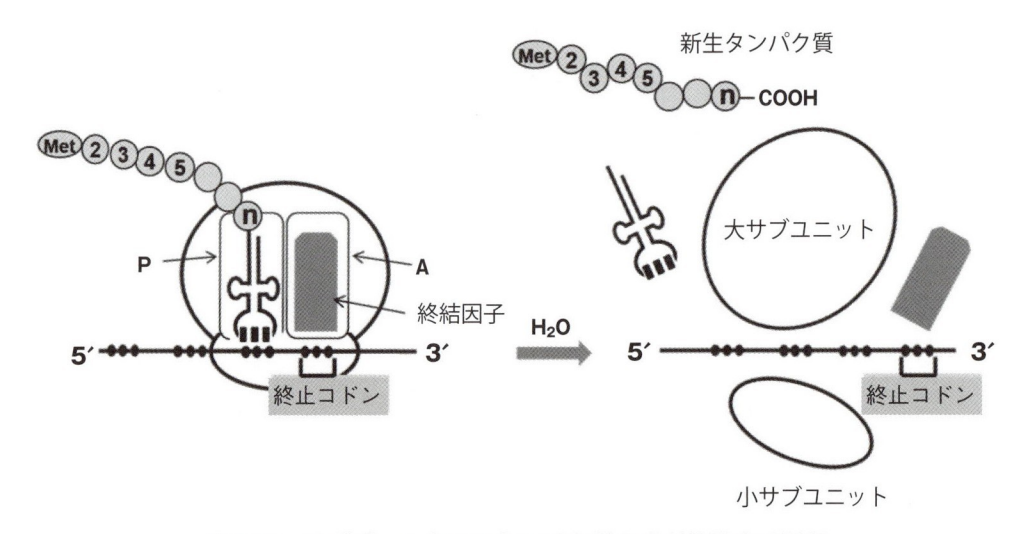

図 5.21　リボゾーム上でのタンパク質合成が終結する過程

子は，P 部位のペプチジル tRNA からペプチド鎖（新生タンパク質という）を切り離し，リボゾームが解離して mRNA から離れ，1 分子のタンパク質合成が終了する（図 5.21）．

　リボゾーム上で進行するタンパク質合成に関わる一連の反応（図 5.19 〜 5.21）は，リボゾームに組み込まれているタンパク質と RNA によって触媒されており，中核となるペプチドの転移とペプチド結合の形成は**ペプチジルトランスフェラーゼ peptidyl transferase** と呼ぶ酵素が担っている．このようにして合成された新生タンパク質がその機能を発揮するには，正しい三次構造に折り畳まれる必要がある．また，多くの新生タンパク質は**翻訳後修飾**と呼ばれる化学変化を経て機能を発揮できる成熟タンパク質となる．それらの過程を含めたタンパク質の合成を理解するには，さらに多くの知識を学ぶことが必要となる．（☞ タンパク質の合成に関わる多くの専門知識の詳細は，**薬学教育モデル・コアカリキュラム C6(4)④** に準拠した専門科目で学ぶ.）

5.2.9　ペプチド鎖の伸長方向

　リボゾーム上で行われているペプチド鎖の伸長反応は，図 5.20 の（4）から（5）への変化でわかるように，P 部位にあるペプチジル tRNA から離れたペプチドが，A 部位のアミノアシル tRNA に結合してペプチド鎖を伸ばしている．図 5.18 に示されているように，アミノ酸（ペプチドも同じ）はカルボキシル基で tRNA とエステル結合しているから，ペプチド鎖の伸長は，ペプチドのカルボキシル基側にアミノ酸が付け加えられることになり，リボゾーム上で行われるタンパク質合成では，**ペプチド鎖が C 末端に向けて伸長**することになる．また，図 5.19 にあるように，開始コドンが指定するアミノ酸はメチオニンであるため，

注10) 新生タンパク質の
N末端アミノ酸は常にメチ
オニンであるが，成熟個体
タンパク質ではメチオニン
ではないN末端アミノ酸
を持つものが多数見られ
る．これは，翻訳後修飾に
よってN末端領域が切断
されるためである．

新生タンパク質のN末端アミノ酸は必ずメチオニンとなる[注10]．

翻訳は，mRNAの情報を5′→3′末端の方向に読み取って進み（図5.19〜21），上述したようにペプチド鎖をC末端の方向に伸長している．したがって，mRNA（およびゲノムDNAの情報鎖）は，5′末端側の開始コドンから3′末端側の終止コドンに向けて，タンパク質のN末端からC末端に向かうアミノ酸配列の情報を記録していることになる．

5.3　世代を超えてゲノムを維持する仕組み〜ゲノムDNAの複製

5.3.1　ゲノムDNAの半保存的複製

生物種の維持には，ゲノム情報を世代を越えて子孫へ伝える必要がある．ゲノム情報は相補的な塩基配列を持った二重らせん構造のDNAに塩基配列として記録されている．したがって，DNAの2本の鎖を分け，それぞれに対する相補的なDNA鎖を合成して二重らせんDNAとすれば，それらは元と同じ塩基配列を持った二重らせんDNAとなる（図5.22）．ゲノムDNAはこの原理によって複製されており，複製された二重らせんDNAの双方が鋳型になった元の鎖と新た

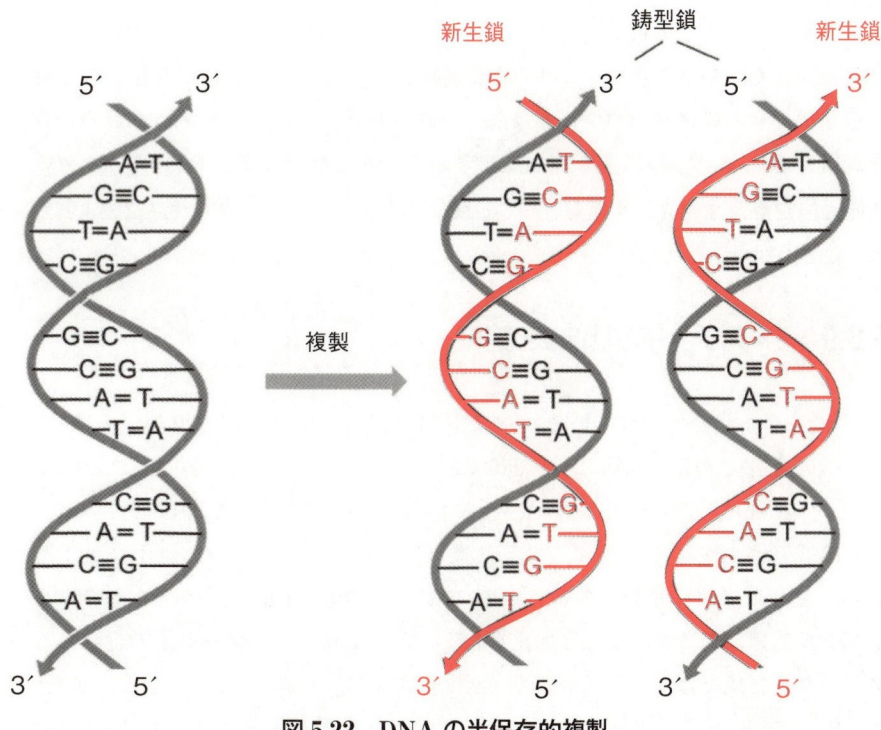

図5.22　DNAの半保存的複製

に合成された相補鎖とで構成されることになるので，**半保存的複製 semiconservative replication** と呼ぶ.

5.3.2　複製機構の概要

　DNA の複製は，元になる二重らせん DNA を，分子の途中にある**複製起点**から両方向に向けてほどきながら新しい相補的な鎖の合成が進められ，複製が行われている場所を**複製フォーク replication fork** と呼ぶ（図 5.23）．複製には様々な酵素やタンパク質が関わっているが，ここでは複製を進める主要な酵素である**DNA ポリメラーゼ DNA polymerase** の働きに限って考える.（☞<u>DNA の複製機構についての詳細は，薬学教育モデル・コアカリキュラム C6(4)③ に準拠した専門科目で学ぶ</u>.）

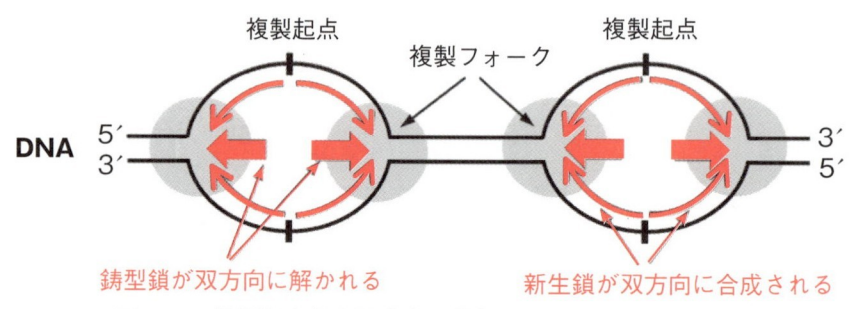

図 5.23　複製起点から双方向に進む DNA の半保存的複製

　DNA ポリメラーゼは，鋳型となる DNA 鎖を用いて相補的な DNA を合成し，二重らせん構造の DNA とする酵素である[注11]．DNA ポリメラーゼは，鋳型となる DNA 鎖の塩基配列を 3′ 末端→5′ 末端の方向に読み取り，それと相補的な塩基配列の新しい DNA 鎖（新生鎖）を 3′ 末端の方向に伸長する（図 5.24 (a)）．この酵素は，新生鎖の合成を開始するために，足場となる短い核酸（プライマー）を必要とする．細胞内で行われる複製でプライマーとなるのは RNA であり，DNA ポリメラーゼは，**RNA プライマー RNA primer** の 3′ 末端を足場にして鋳型鎖に相補的な新生 DNA 鎖を 3′ 末端に向けて伸長する（図 5.24 (a)）．

　DNA の半保存的複製では，元になる DNA が二本鎖であるため，鋳型となる鎖は一方が 3′→5′ の方向，他方が 5′→3′ の方向に解かれ，それぞれに対する新しい鎖を 5′→3′ と 3′→5′ の方向に伸長させる必要がある（図 5.22, 23）．しかし，上述のように，DNA ポリメラーゼは，鋳型となる鎖を 5′ 末端の方向に読み取って新しい鎖を 3′ 末端に向けて伸長する反応しか触媒できない．このため，5′→3′ の方向にほどかれる DNA に対しては，新生鎖を短い断片[注12] として逆向きに伸長させている（図 5.24 (b)）．このため，半保存的複製で新たに合成される DNA のうち 3′→5′ 方向にほどかれる鎖を鋳型にするものは連続的に伸長される**リーディング鎖 leading strand** となり，5′→3′ 方向にほどかれる鎖を鋳

注11）この特徴から，ゲノム DNA の複製を行う DNA ポリメラーゼは，厳密には DNA 依存 DNA ポリメラーゼ DNA-dependent DNA polymerase と呼ばれる.

注12）この断片は，発見者である岡崎令治博士に因んで"岡崎断片"Okazaki fragment と呼ばれる.

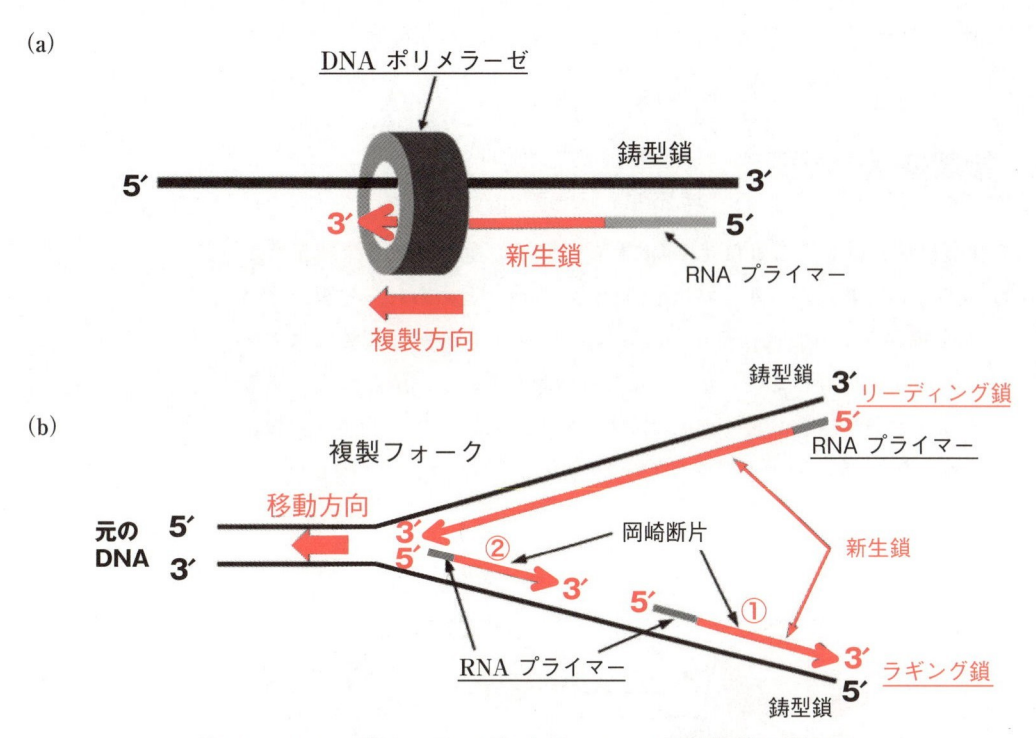

図 5.24　DNA ポリメラーゼによる DNA の複製機構の概念図

　型とするものは，岡崎断片[注12] をつなぎ合わせて不連続に伸長される**ラギング鎖 lagging strand** となる.

　ゲノム DNA の正確な複製は，DNA が塩基相補関係に基づく二重らせん構造を持つことによって保証されている. また，DNA ポリメラーゼは，誤って鋳型鎖と塩基相補関係にないヌクレオチドを新生鎖の 3′ 末端に取り込むと，伸長反応を停止して誤ったヌクレオチドを除き，正しいヌクレオチドを用いて合成をやり直す**校正機能**を持っている. ゲノム DNA の複製はこのような仕組みも含めて，極めて正確に行われ，世代を越えたゲノム情報の保存を保障している.（☞ <u>DNA の校正機構については，**薬学教育モデル・コアカリキュラム C6(4)③** に準拠した専門科目で学ぶ.</u>）

5.4　細胞の分裂と染色体の役割

　複製されたゲノム DNA は，細胞分裂によって 2 つの細胞に分配される. ゲノム DNA は極めて長大な鎖状の高分子なので，細胞分裂の際には複製したゲノム DNA を決まった手順で折りたたみ，高密度に凝縮した染色体としている（図 5.8，54 ページ）. ここでは，多細胞生物の個体を構成している体細胞の分裂を例

にして，細胞分裂における染色体の役割の概要を理解する．

　体細胞は，G_1 期，S 期，G_2 期，および M 期で構成される細胞周期を持って活動している．G_1 期は細胞が定常状態で生命活動を営んでいる状態で，ゲノム DNA は核内に広がったクロマチンの状態にあり複製は起こらない．分裂することが必要になると，細胞は G_1 期から S 期に移行してゲノム DNA を複製する．DNA の複製を終えると細胞は G_2 期に移り，複製の正確さの検証と分裂に必要な細胞の準備状況を確認（G_2 チェック）して，分裂を起こす M 期に移行する．

　M 期の細胞では，複製されて 2 倍になった DNA を折り畳んだ，図 5.25 に示すような染色体が観察される．これは，相同染色体を構成する染色分体のそれぞれが複製されて 2 本の姉妹染色体となり，それらが中央部分（セントロメア）で結合して X 字状になったものである[注 13]．このような形の染色体を形成することによって，複製された DNA はそれぞれにコンパクトにまとめられ，分裂で生じる 2 つの娘細胞に分配する準備が整えられる．

　細胞分裂における染色体の動きの概要を図 5.26 に示す．核内に染色体が出現するのと並行して，核の近くにあった中心体が分かれて細胞の両極に移動して紡錘体極となり，核膜が消失する．対をなした姉妹染色体のセントロメアに動原体が形成され，染色体が細胞の赤道面に並び，紡錘体極から伸びた紡錘糸が動原体に結合して紡錘体が形成される．動原体と結合した紡錘糸が短くなることで複製された姉妹染色体が均等に分かれ，紡錘糸に引かれて両極へ移動する．

　染色体の両極への移動が完了するとそれを取り囲むように核膜が再生されて細胞が分裂する．分裂した細胞では，染色体構造がなくなり，ゲノム DNA が核内に広がってクロマチンとなり，それぞれの細胞定常的な活動を続けることになる．

注 13）ヒトなどの 2 倍体生物は，両親から受け継いだ一対のゲノムを持っている．このため，同じ染色体 2 つが対になっており，それらを相同染色体と呼び，相同染色体を構成する個々の染色体を染色分体と呼ぶ．分裂中期の細胞に見られる X 字状の構造は，複製されて倍になった個々の染色分体である．

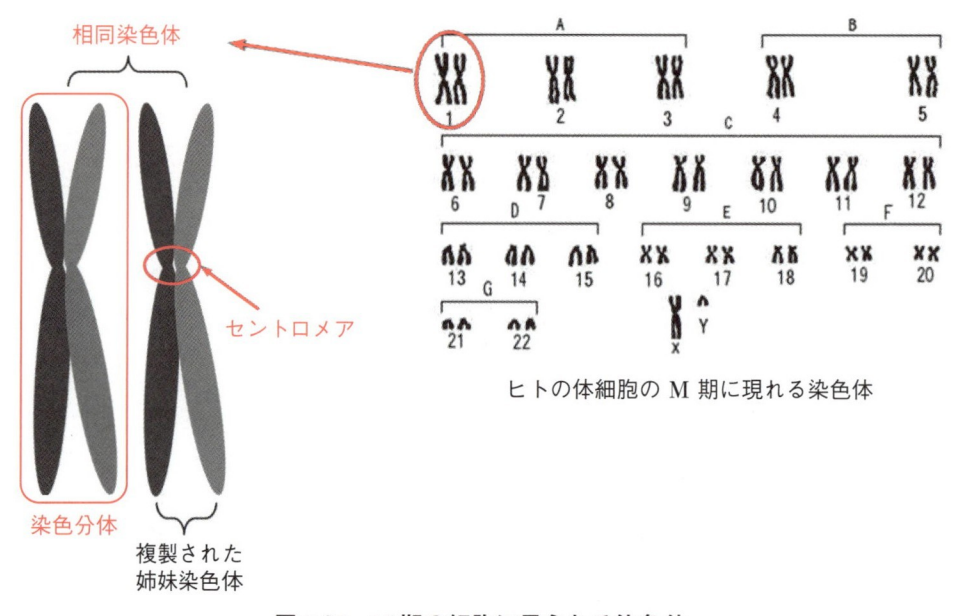

ヒトの体細胞の M 期に現れる染色体

図 5.25　M 期の細胞に見られる染色体

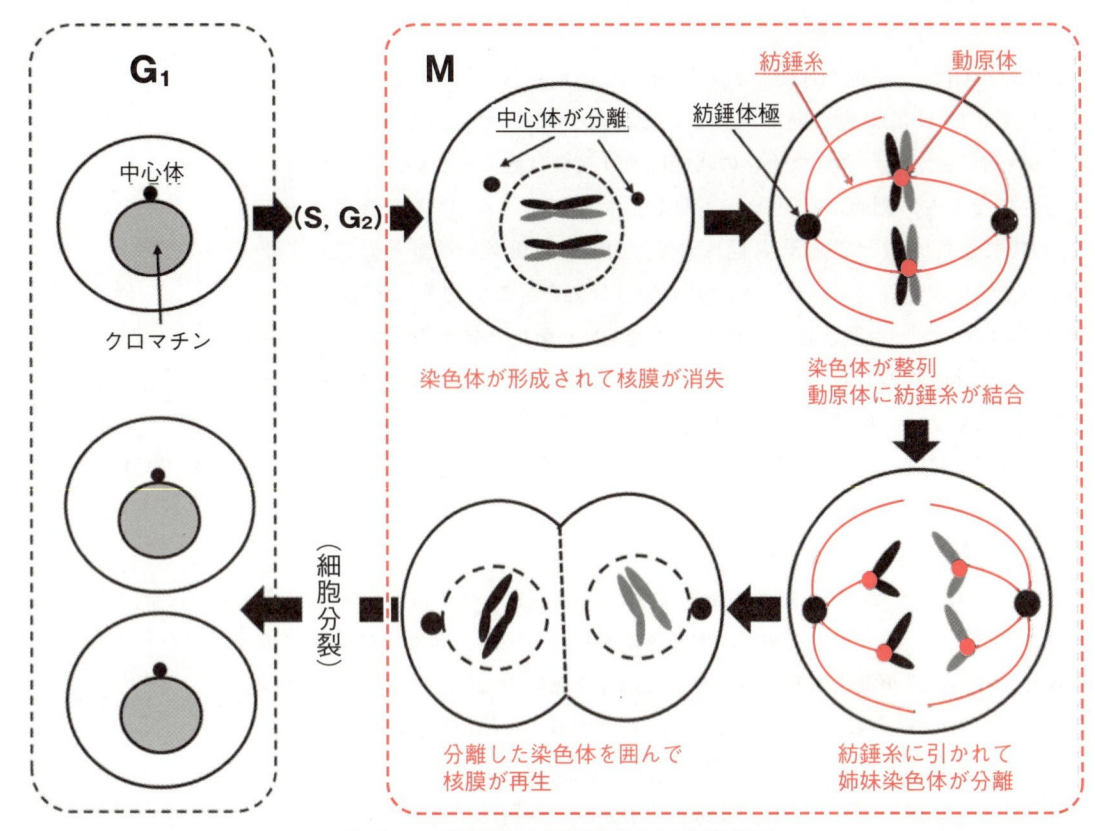

図 5.26　体細胞の分裂過程を示す模式図

　このように，ゲノム DNA に記録されている遺伝情報は，半保存的な複製と複製した DNA を染色体として細胞分裂で生じる細胞に分配する仕組みによって，次世代の細胞へ正確に伝えられるのである．

5.5　まとめ

1）ゲノム情報の記録媒体としての DNA

① 生物は，それぞれの種に特有の多様なタンパク質を必要に応じて作り続けるために必要な情報をゲノム DNA に記録しており，遺伝子は個々のタンパク質に対応する情報（タンパク質の設計図）である．

② DNA は 4 種類のデオキシリボヌクレオチド（A，T，G，C）が，3′, 5′-ホスホジエステル結合で重合した直鎖状の高分子で，両端が 3′ 末端，5′ 末端と識別できる．このため，A，T，G，C の並び順（DNA の塩基配列という）は 4 つの文字を用いて記述された情報になる．

③ ゲノム DNA は，3 塩基の配列を情報単位（コドン）としてアミノ酸に対応さ

せることで，20種類のアミノ酸で構成されるタンパク質の一次構造の情報を
記録している．

④ ゲノム DNA は，2本の鎖が塩基間の特異的な水素結合（A：T，G：C）で結
合した二重らせん構造で存在し，双方の鎖は排他的相補関係にある．

⑤ ゲノム DNA はクロマチンとして細胞核に存在し，細胞分裂に際してコンパ
クトに折り畳まれた染色体を形成する．

2) ゲノム DNA の情報に基づくタンパク質の合成

① DNA の塩基配列で記録されているタンパク質一次構造の情報は，mRNA に
"転写" され，mRNA の塩基配列情報がアミノ酸の配列に "翻訳" されて，
正しい一次構造のタンパク質が合成される．

② 転写では，RNA ポリメラーゼが DNA 鋳型鎖に相補的な RNA を合成するこ
とで，DNA 情報鎖と同じ塩基配列（ただし，DNA の "T" は RNA では
"U" に置き換えられる）を持ち，タンパク質の設計図となる mRNA を得て
いる．

③ 転写は，遺伝子ごとに独立して行われ，必要な時に，必要なタンパク質を，
必要とする量だけ合成する調節は，転写の段階で行われている．

④ mRNA のコドンとアミノ酸を結びつける役割は，個々のアミノ酸に特異的で，
それぞれのアミノ酸に対応したアンチコドンを持つ tRNA が担っている．

⑤ mRNA の塩基配列をアミノ酸配列に翻訳してタンパク質を合成する仕組みは，
リボゾームに結合した mRNA のコドンを，特異的なアミノ酸と結合した
tRNA（アミノアシル tRNA）がアンチコドンで読み取り，結合しているアミ
ノ酸を順次重合させることによっている．

⑥ タンパク質の合成では，mRNA の塩基配列が 5′ 末端から 3′ 末端の方向に読
み取られポリペプチドの鎖が N 末端から C 末端の方向に伸長する．

3) ゲノム情報の次世代への伝達

① ゲノム情報を次世代へ正確に伝達するため，ゲノム DNA は半保存的に複製
される．

② DNA の半保存的複製は，元になる 2本の鎖を複製起点から双方向に解きなが
ら，それぞれを鋳型にして DNA ポリメラーゼが新しい鎖を 3′ 末端に向けて
伸長する．このため，新しく作られる DNA 鎖の一方は，断片として合成さ
れるラギング鎖となる．

③ 複製されたゲノム DNA は，細胞分裂に際して折り畳まれて染色体となり，
分裂で生じる娘細胞に分配される．

第 6 章

哺乳動物が個体を構築して維持する仕組み

6.1 哺乳動物における個体形成

6.1.1 有性生殖と二倍体生物

　細胞は，ゲノム DNA を複製し，それらを細胞分裂によって 2 つの細胞に分配することで増殖する（☞ 第 5 章）．細菌などの単細胞生物では，分裂で生じた細胞のそれぞれが次世代の個体となるので，ゲノムを 1 つだけ持つ一倍体生物

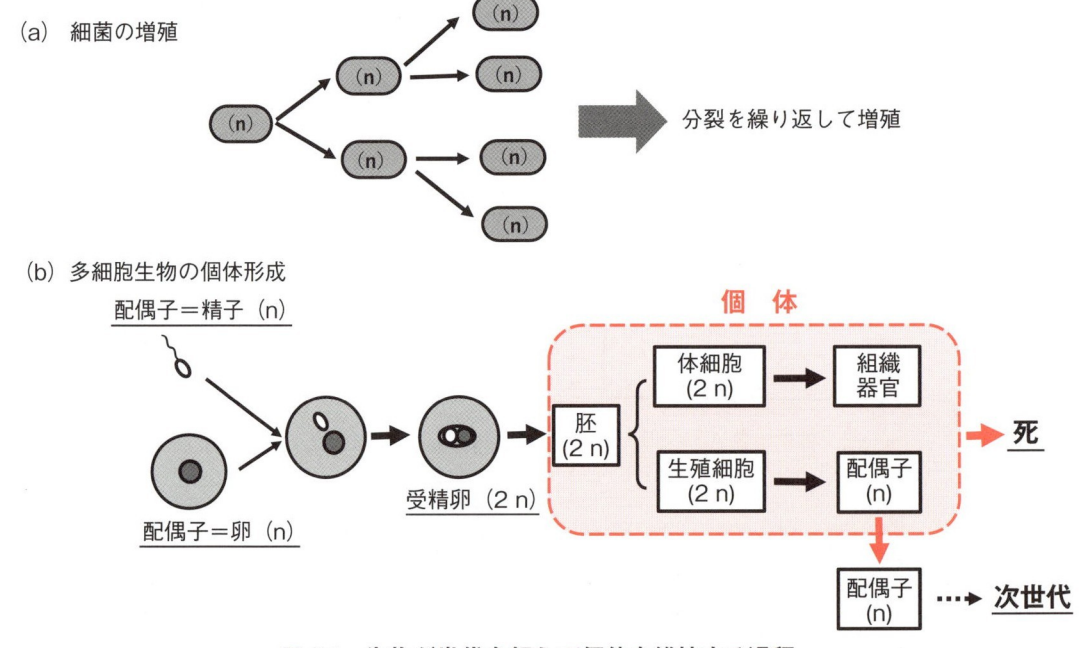

（a）細菌の増殖

分裂を繰り返して増殖

（b）多細胞生物の個体形成

配偶子＝精子（n）

配偶子＝卵（n）

受精卵（2 n）

個　体

胚
(2 n)

体細胞
(2 n) → 組織器官

生殖細胞
(2 n) → 配偶子
(n)

死

配偶子
(n) ┈┈→ 次世代

図 6.1　生物が世代を超えて個体を維持する過程

（n）となる[注1]（図 6.1（a））．

　これに対して多細胞生物では，寿命による個体の死があるため，個体を構築す
る**体細胞**とは別にゲノム DNA を次世代に伝える役割を持つ**生殖細胞**を持ってお
り，両親の生殖細胞から作られる**配偶子**（卵と精子）の受精によって次世代の個
体を作る**有性生殖**で種を維持している（図 6.1（b））．有性生殖では，それぞれ親
のゲノム DNA を持つ一倍体配偶子（n）が受精することで新しい個体が作られ
るので，個体は両親から受け継いだゲノム DNA を一対で持つ**二倍体生物**
（2 n）となる．

6.1.2　二倍体生物の遺伝子型と表現型

　二倍体生物は，同じ役割を持つ遺伝子を一対で持っているので，どちらか一方
が変化することで遺伝子に**多型**を生じることがある．例えば，ヒトの ABO 式血
液型に関わる赤血球表面の抗原性を決める役割を持つ遺伝子には，A，B および
欠損（−）という 3 つの型が存在し，個体はそれらの 2 つの組み合わせ
（（A/A）（A/B）（B/B）（A/−）（B/−）（−/−）のいずれか）を持つ．このような，
同じ役割を持つ一対の遺伝子を**対立遺伝子 allele** と呼び，個体が持っている対
立遺伝子の組み合わせを**遺伝子型 genotype** という．また，対立遺伝子の型が同
じである場合を**ホモ接合 homozygote**，異なる場合を**ヘテロ接合 heterozygote**
と呼ぶ．

　多型のある遺伝子は，対立遺伝子がヘテロ接合となった場合に個体に表れる形
質（**表現型 phenotype**）を支配するものを**優性 dominant**，そうでないものを
劣性 recessive と区別している．例としているヒトの ABO 式血液型に関わる遺
伝子では，A と B が（−）に対して優性で，A と B の間には優劣の関係がない．

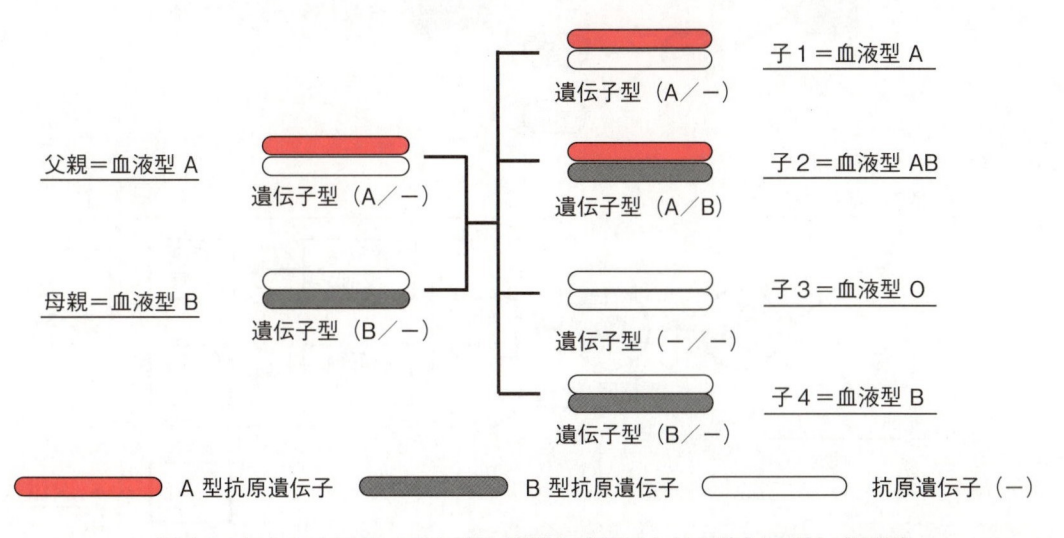

図 6.2　ヒトにおける ABO 式血液型の遺伝における遺伝子型と表現型

このため，遺伝子型が（A/−）と（B/−）で，表現型である血液型がそれぞれ A 型と B 型である両親からは，あらゆる血液型の子が生まれる可能性がある（図 6.2）．このように，二倍体生物では，親と子の間で表現型が異なる場合がある．これはメンデルの「優性の法則」と「分離の法則」によって説明されるが，その原理を理解するには，以下で取り上げる減数分裂による配偶子形成と受精による個体形成の仕組みを知る必要がある．

6.2　配偶子の形成と減数分裂

6.2.1　減数分裂

二倍体生物が一倍体の配偶子を作る仕組みを**減数分裂 meiosis** といい，1 個の二倍体母細胞から 4 個の一倍体の配偶子が作られる．減数分裂の要点は，二倍体の母細胞が持つ“両親由来の 2 つのゲノム DNA”を組換えて“自己のゲノム DNA”を作り，それを配偶子に分配する仕組みにある．

減数分裂は，二段階（図 6.3 の ①〜④ と ④〜⑥）に分かれて進む．第一分裂（①〜④）では先ず，体細胞分裂（☞ 5 章，5.5 節）と同様の機構で母細胞（2 n）のゲノム DNA が複製され，姉妹染色分体がセントロメアで結合した染色体が形成される（①）．次に，相同染色体が向かい合った状態で接近し（この状態を**対合**という），姉妹染色分体が**交叉**し（②），交叉した点で相同染色体の繋ぎ変え（染色体の**乗換え**という）が起こって両親のゲノム DNA をランダムに組換えたモザイク状の DNA（＝自己のゲノム DNA）となる[注2]．その後，姉妹染色分体が分離しないまま，相同染色体が両極に移動する（③）．ここで注目すべき特徴は，分裂した 2 つの細胞に分かれるのは相同染色体で，姉妹染色分体は結合した状態のままになっていることである（④）．

第二分裂（④〜⑥）は，DNA の複製が起こらず，第一分裂で複製された姉妹染色分体が 2 つの細胞に分かれ（⑤），4 個の一倍体の細胞である配偶子を生じる（⑥）．このようにして生じた 4 つの一倍体配偶子は，両親由来のゲノム DNA を組換えた自己のゲノム DNA を持っている．また，図 6.3 ② の段階で相同染色体の乗換えが起きる場所と数は決まっておらず，乗換えは常染色体のすべて（ヒトでは 22 本）で起きるので，個々の配偶子（⑥）に分配される染色体のゲノム DNA が持っている遺伝子の組み合わせは著しく多様になる[注3]．

注 2）図 6.3 では，複雑さを避けるため交叉が染色体の端で 1 か所ずつ起こる形で描いているが，現実の交叉は様々な場所で起きるので，両親由来のゲノム DNA のモザイクになる．

注 3）多細胞生物の個体間に見られる多様性の原因はゲノムが持つ対立遺伝子の組み合わせである．多細胞生物の遺伝子には様々な多型が存在し，個体の表現型はそれらの組み合わせによって変化する．配偶子形成の過程で起きるゲノム DNA の組換えは多型を持つ遺伝子の組み合わせを変えているのであり，遺伝子そのものが変化する突然変異ではない．

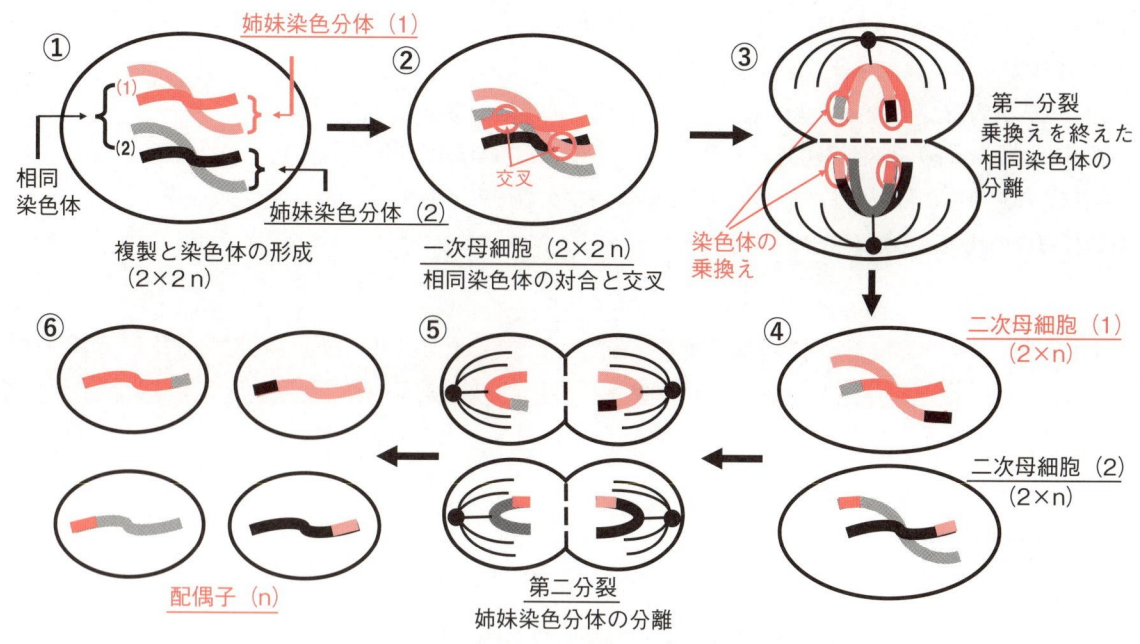

図 6.3　減数分裂による配偶子の形成過程の概念図

6.2.2　配偶子の形成と個体の多様化

　哺乳動物における配偶子の形成は雌雄で同じではない．雄性配偶子である精子の形成は，図 6.4（a）に示す過程で行われる．この過程は典型的な減数分裂で，1個の精原細胞から精母細胞を経て4個の配偶子である精子が形成される．成熟個体の精巣では精原細胞の増殖と精子形成が継続して行われており，精巣には膨大な数の精子（ヒトでは数千万から1億個程度）が蓄えられており，前項で学んだように，それらのゲノムDNAは多様な遺伝子の組み合わせを持っている．

　雌性配偶子である卵の形成過程は，精子の形成とは異なっている（図 6.4（b））．ヒトの場合，卵原細胞の増殖と減数分裂は胎児期に一斉に始まり，出生時には一次卵母細胞（図 6.3 では ② に相当する）の段階で停止した休眠状態になっている．個体が成熟すると，休眠していた一次卵母細胞は1個ずつ周期的に分裂を再開する．この分裂では細胞質が不均等に分かれ，二次卵母細胞と極体を生じる．二次卵母細胞は直ちに第二減数分裂に移行し，受精すると極体を放出して減数分裂を完了する．ヒトの卵形成はほぼ1か月に1個の割合で行われるから，生涯に作られる卵は数百個程度ということになる．しかし，それらは，新生児の卵巣に用意されていた数百万個の一次卵母細胞（多様なゲノムDNAを持った一千万個以上の配偶子を作る潜在性を持つ）から選択されたものであり，それらのゲノムDNAは多様な遺伝子の組み合わせを持っていることになる．

　受精は，上述の過程で作られた卵と精子の間で行われ，それぞれのゲノム

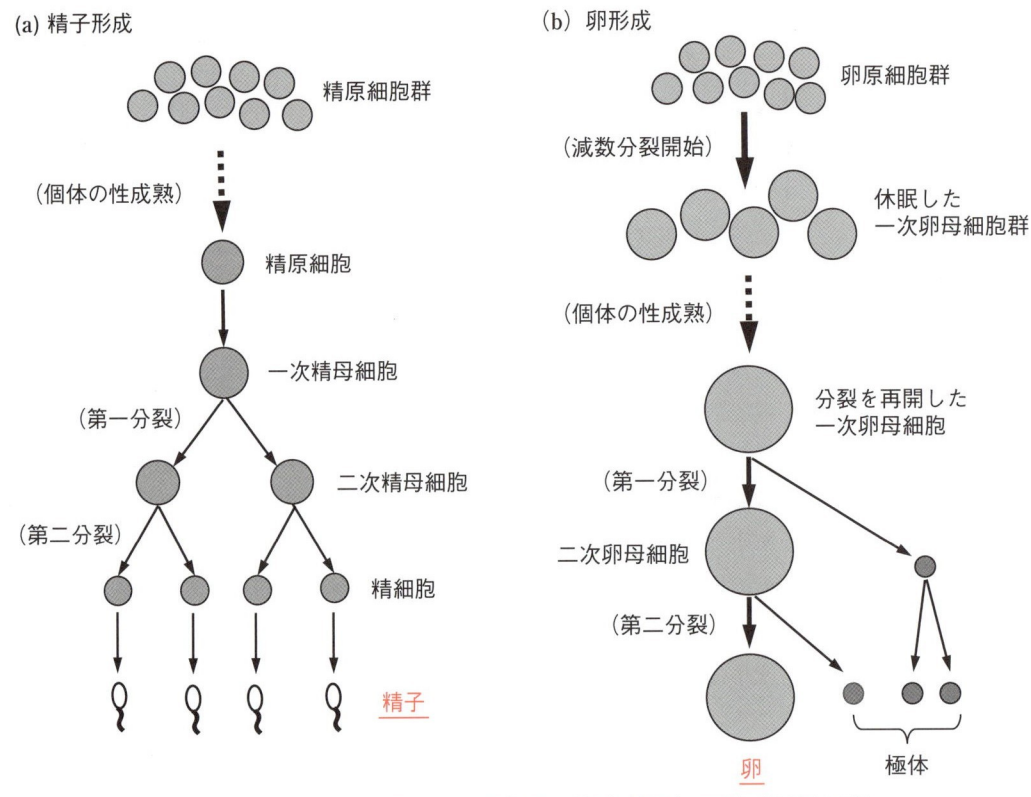

図 6.4　ヒトの雌雄に見られる配偶子（卵と精子）の形成過程の違い

DNA は減数分裂の過程で両親由来のゲノム DNA を組換えたモザイクとなっているので，受精卵のゲノム DNA 情報は，両親の情報を受け継ぎつついずれとも異なるものとなる．このような仕組みによって有性生殖では，種としての特徴を維持しつつ個性を持つ多様な個体を生み出すことができる．

6.3　受精卵からの個体形成〜哺乳動物の発生と分化

　哺乳動物の個体は，様々な構造と機能を持った細胞で構成された組織と器官で構築されている（☞ 第 1 章）．しかし，個体を構成するすべての細胞は 1 個の受精卵が分裂を繰り返すことで生じたものであり，個体が作られる**発生 development** の過程では，分裂して増殖する細胞の構造と機能を様々な組織，器官に適したものに変えて行く**分化 differentiation** の仕組みが働く．

6.3.1　哺乳動物の発生過程と細胞の分化・誘導・拘束

　哺乳動物の受精卵は，卵割[注4] を繰り返して 16 〜 32 個の細胞からなる桑実胚

注 4）受精卵の細胞分裂の初期段階では，卵の体積を変えずに細胞数を増やす卵割が起きる．卵割の様式は一様ではなく，哺乳動物の卵割では分裂で生じる細胞（割球）が同じ大きさになる等割であるが，鳥類，魚類など哺乳動物以外では割球の大きさが異なる不等割であることの方が多い．

となる．この段階からさらに細胞分裂が進むと，胚の内部に空洞を持つ**胚盤胞**となる（図 6.5）．胚盤胞は，哺乳動物の個体発生の原点となるもので，外側を囲む**栄養芽細胞**は胎盤を形成し，内部に生じた**内部細胞塊**が個体（胎児）となる（図 6.5）．発生学的な説明は割愛するが，内部細胞塊の細胞は基本的に図 6.6 に示す系譜をたどって分化を繰り返し，個体を構成する様々な器官を作り出す．すなわち，内部細胞塊の細胞は先ず**外胚葉**と中葉細胞に分かれ，中葉細胞から**中胚葉**と**内胚葉**が作られ，将来配偶子となる**始原生殖細胞**が分離する．**外胚葉**，**内胚葉**，**中胚葉**からは，時間軸に沿って進む分化によって様々な体細胞が生じ，組織，器官を作って個体を構築してゆく．

　哺乳動物では，内部細胞の個々の細胞が将来どの器官の細胞になるかは決まっておらず，図 6.6 にあるように，系譜に沿った発生と分化が進む過程でどの体細胞になるかが順次決定される．この過程において，3 つの胚葉が形成され個々の胚葉から組織，器官が形成される段階では，隣接する細胞からの作用を受けて分化の方向が決められる**誘導 induction** が重要な役割を演じている．また，誘導を受けて分化の方向づけがなされた細胞は，分化前の細胞に戻ったり，他の細胞に変化したりすることがないように**拘束 commitment** される．哺乳動物の個体

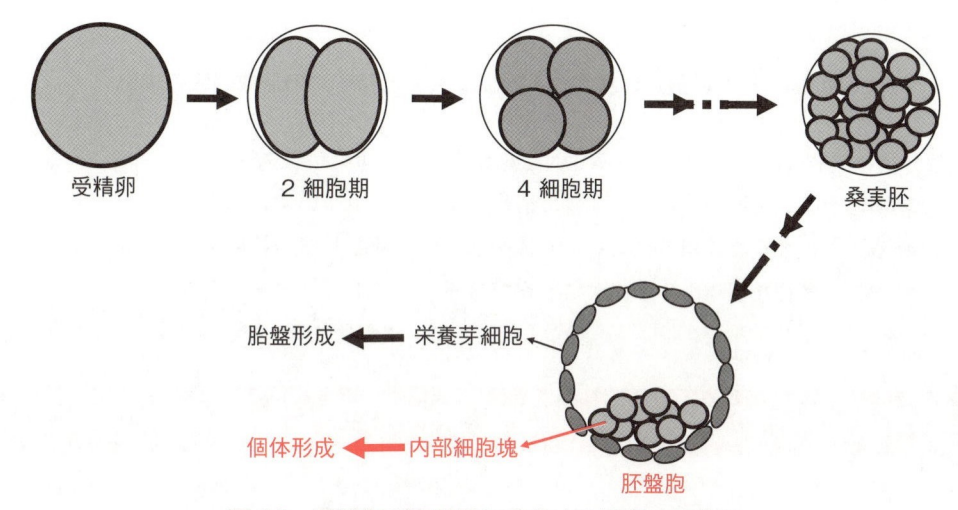

図 6.5　受精卵が胚盤胞に変化する過程の概念図

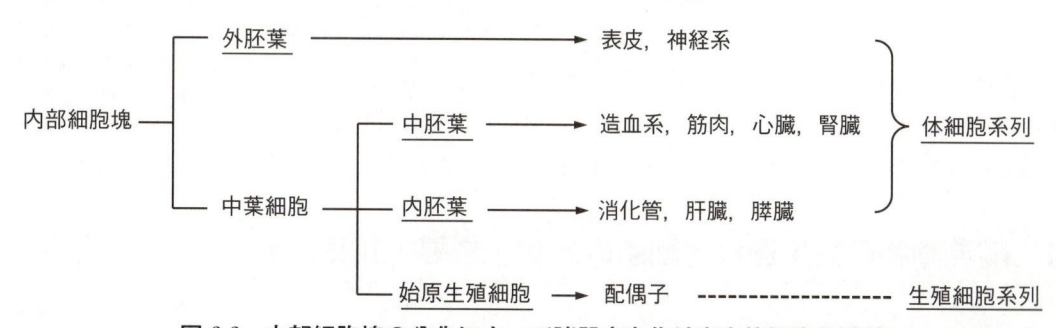

図 6.6　内部細胞塊の分化によって諸器官を作り出す体細胞の系譜

が発生する過程では，このような分化の誘導と拘束が，決まった場所で，決まった順序で起きることによって組織や器官の形成が整然と進行する（コラム参照）．

> **コラム**　**脊椎動物における眼球の形成**
>
> 　分化が誘導される典型例としては，脊椎動物の眼球形成がよく知られている．眼球の形成では，将来網膜になる神経外胚葉の一部である眼杯が頭部の表皮外胚葉に一定時間接触している必要がある．この接触によって，眼杯の細胞は表皮外胚葉細胞を将来水晶体に分化するよう誘導し，誘導を受けた表皮外胚葉細胞は水晶体以外の細胞に分化できないように拘束される．また，頭部以外の表皮外胚葉を眼杯に接触させても水晶体への分化は見られないし，眼杯以外の神経外胚葉には表皮外胚葉細胞を水晶体に分化させる作用は見られない．これらの事実から，誘導と拘束には，双方の細胞が存在する部位も重要な関わりを持つと考えられる．

6.3.2　分化とエピジェネティック制御

　体細胞は，分化によって様々な細胞に多様化しているが，同じゲノム DNA を持ちあらゆる細胞になることができる潜在性を持っている[注5]．細胞の特徴や機能はその細胞に存在するタンパク質の働きに依存し（☞ 第4章），細胞に存在するタンパク質はゲノム DNA が持つ遺伝子の情報に基づいて作られる（☞ 第5章）．したがって，分化して拘束された体細胞では，その細胞の機能に必要な遺伝子だけが発現し，不必要な遺伝子は発現しないようにゲノム DNA の働きを変える仕組みが働いている．この仕組みは，転写の調節（5.4.5 項）のようなものではなく，分化した細胞で不要となる遺伝子を不可逆的に抑制するもので，ゲノム DNA の情報を“後天的 epigenetic”に変えているので，**エピジェネティック制御 epigenetic control** と呼んでいる．この仕組みでは，分化した細胞にとって不必要となる遺伝子の発現を不可逆的に止めることが必要になるため，DNA のメチル化や DNA を強く折り畳んだ状態でクロマチン構造を固定してゲノム DNA の特定領域の転写が物理的にできない状態を作り出している[注6]．（☞ <u>DNA のメチル化，ヒストンタンパク質のアセチル化などによるクロマチン構造の修飾などについての詳しい説明は，薬学教育モデル・コアカリキュラム C6(4)④ に準拠した専門科目で学ぶ</u>．）

注5）細胞分裂においてゲノム DNA が複製され新しい細胞に伝達されるので，理論的にはすべての体細胞は同じゲノム DNA を持つと考えられ，ジョン・ガードンによる「移植による体細胞核の初期化」と山中伸弥による「iPS 細胞の作出」によって実験的に確証された（2012 年ノーベル医学生理学賞）．

注6）iPS 細胞を作成する際に用いる“体細胞の初期化”（後述）は，DNA のメチル化やクロマチンの構造を変えてエピジェネティック制御に関わる転写の不可逆的な抑制状態を解くことである．

6.4　幹細胞とその役割

　ヒトなどの多細胞生物の個体を構築する細胞は，受精卵から定められた系譜（図 6.6）に従って分化するが，この過程では**幹細胞 stem cell** が重要な働きをし

注 7）細胞が分化する際に
は，分化を起こす元になる
細胞が必要で，元になる細
胞を分化した細胞を枝葉の
ように生み出す "幹" にな
ぞらえて "幹細胞" と呼ぶ．

ている[注7]．幹細胞は，発生の初期段階に存在し，三胚葉の形成を経てあらゆる
細胞に分化できる能力を持つ**多能性幹細胞 pluripotent stem cell** と，分化が進
んだ段階で決まった範囲の細胞にだけ分化するように方向づけられた**体性幹細胞
somatic stem cell** に大別される．また，体性幹細胞には複数種類の体細胞を作
り出す元になる分化多能性を持つ細胞と，決まった細胞だけを生み出すように拘
束された細胞があり，後者は**組織幹細胞 tissue stem cell**（あるいは**拘束性幹細
胞**）と呼ばれている（図 6.7）．（☞ ヒトの細胞分化における幹細胞の役割についての
詳細は，薬学教育モデル・コアカリキュラムの C7(1)② に準拠した専門科目で学ぶ．）

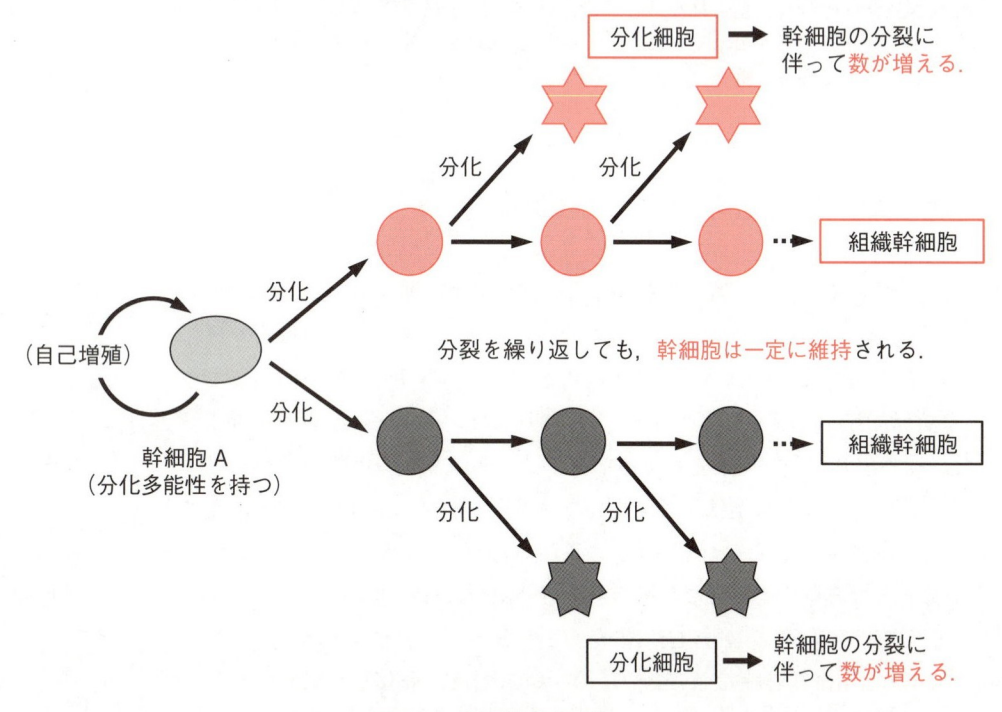

図 6.7　幹細胞の役割

6.4.1　組織の再生における組織幹細胞の役割

　組織は，老化したり障害を受けたりした細胞を新しい細胞に置き換えることで
健全な状態を保ち続ける再生の機能を備えている．例えば，ヒトの皮膚は上皮組
織の細胞が何層にも積み重なった構造をしており（図 6.8 (a)），最も外側にある
細胞が剥がれ落ちて新しい細胞と置き換えられることで新鮮な状態を保っている．
これは，皮膚を構成する上皮組織の最深部で新しい上皮細胞を生み出し続ける基
底細胞の働きによるものである．基底細胞では，分裂の結果生じる 2 つの娘細胞
が同一ではなく，一方は元と同じ基底細胞となるが他方は分化した上皮細胞とな
り，組織の再生を行っている（図 6.8 (b)）．このような "非対称性の分裂" を行

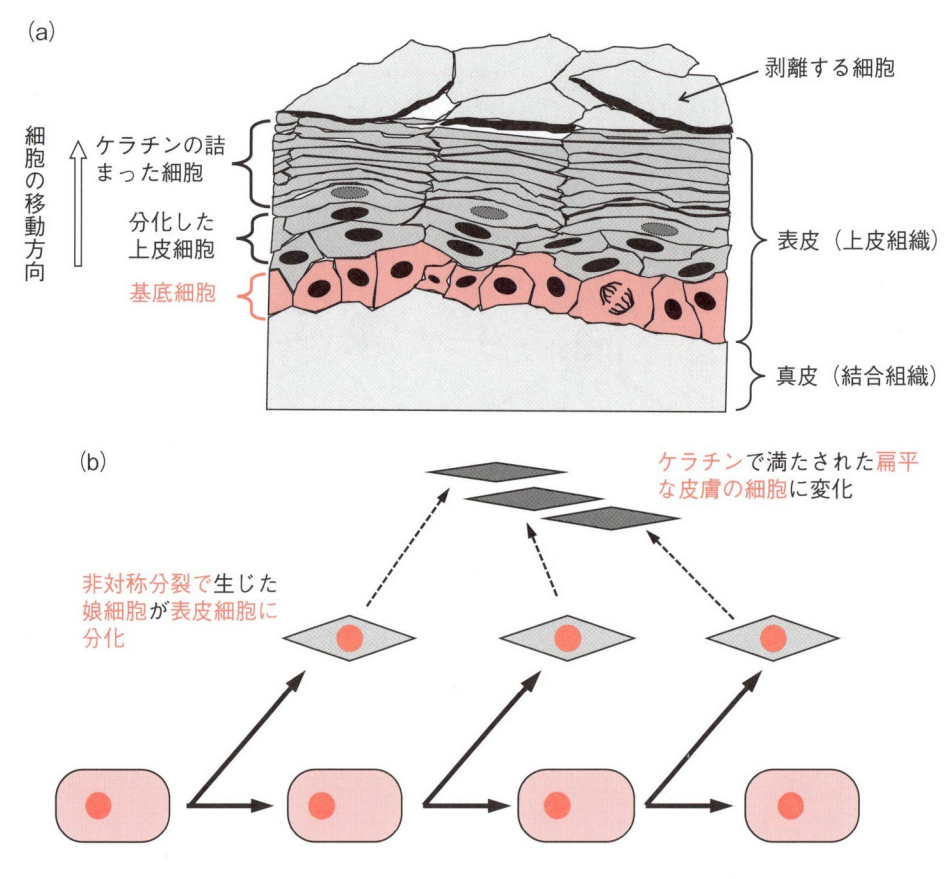

(a)

細胞の移動方向

ケラチンの詰まった細胞

分化した上皮細胞

基底細胞

剥離する細胞

表皮（上皮組織）

真皮（結合組織）

(b)

ケラチンで満たされた扁平な皮膚の細胞に変化

非対称分裂で生じた娘細胞が表皮細胞に分化

基底細胞は，分裂を繰り返しても数を変えないで維持される幹細胞

図 6.8　組織幹細胞の役割を示す例〜皮膚の再生と基底細胞

うことで，自らの数を維持しつつ組織の機能に対応する分化した細胞を生み出す働きをする細胞が組織幹細胞である[注8]．

6.4.2　血液細胞を生み出す分化多能性を持った幹細胞

　組織幹細胞は特定の分化した細胞だけを生み出すが，体性幹細胞には複数の分化した細胞を生み出すものもあり，その典型例は血液中に存在する様々な細胞を生み出す骨髄の造血幹細胞（図 6.9）である．造血幹細胞は分化多能性を持った細胞であり，リンパ球系幹細胞と骨髄球系幹細胞に分化し，前者からはリンパ球が，後者からは白血球と総称される細胞群や赤血球と血小板が作られる．また，これら 2 系統の幹細胞と最終的に分化した細胞群との間に位置する細胞は，前駆細胞と呼ばれている．（☞ 造血機能と造血幹細胞についての詳しい知識は，**薬学教育モデル・コアカリキュラムの C7(1)⑭ に準拠した専門科目で学ぶ．**）

注8）哺乳動物における組織の再生速度は様々で，消化管上皮や皮膚のように再生速度が速い組織から，成体ではほとんど再生が行われない中枢神経や心筋までの幅があるが，組織幹細胞はすべての組織に存在すると考えられている．

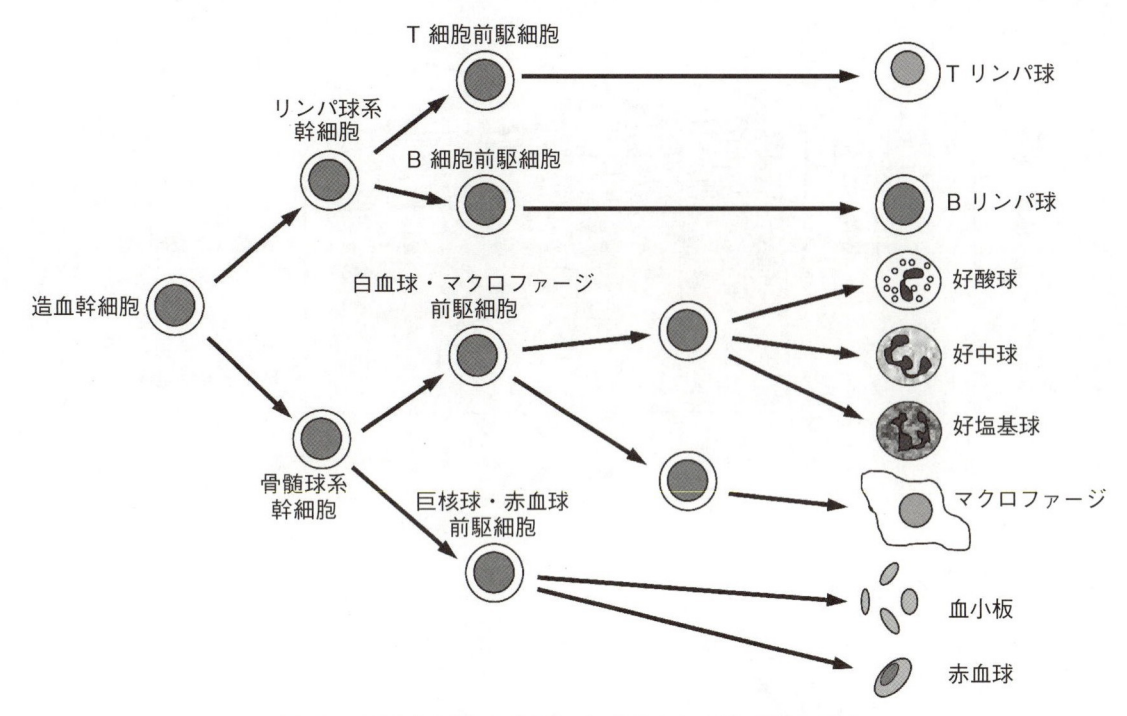

図 6.9　造血幹細胞の分化による様々な血液細胞の形成

6.4.3　多能性幹細胞と万能細胞

　哺乳動物の個体形成の出発点となる胞胚の内部細胞塊の細胞（図 6.5）は，あらゆる組織の細胞に分化できる多能性幹細胞である．内部細胞塊の細胞は，適切な条件を与えれば，胞胚から取り出して人工の培地上でその分化能を維持したまま長期的に培養することが可能である．このような形で人工的に培養できるようにした内部細胞塊の細胞を**胚性幹細胞**（**ES 細胞，embryonic stem cells**）いう（図 6.10）．ES 細胞は，適切な条件を与えることであらゆる組織や器官の細胞に分化させることができる“万能細胞”として様々な研究の対象となっている．ES 細胞は，本来多能性を備えている細胞を人工培養できるようにしたものであるが，山中伸弥らは，ES 細胞で強く発現している 4 つの遺伝子を体細胞に導入することで，自己増殖する**人工多能性幹細胞**（**iPS 細胞，induced pluripotent stem cells**）を作ることができることを見出した（図 6.10）．体細胞を出発材料として誘導される iPS 細胞には，ES 細胞で問題となる制約[注9] がないため，再生医療から新薬開発時に有効なヒトの病態モデルの作成などに至るまで様々な応用分野での活用が期待されている．

注9）ヒトの ES 細胞を再生医療などに用いる際には，ES 細胞を作るために個体に発生する可能性がある内部細胞塊を使うことに伴う倫理的な問題や，再生医療における免疫適合性などに関わる制約がある．

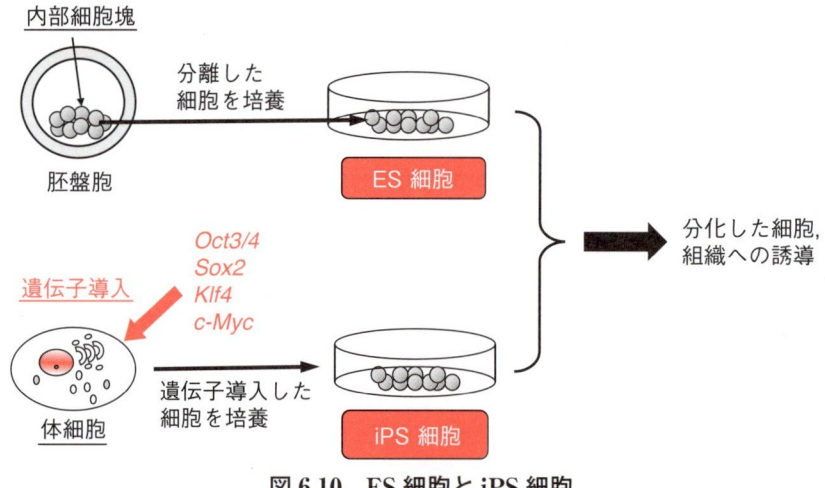

図 6.10　ES 細胞と iPS 細胞

6.5　多細胞生物の個体を維持するための能動的な細胞死

　前節までに，多細胞生物の個体は様々に分化した体細胞によって構築され，多くの体細胞は幹細胞の働きで新しいものに置き換えられることで維持されていることを学んだ．それでは，古くなった体細胞はどのように処理されるのであろうか．本節では，多細胞生物が個体を維持するために不要となった細胞を除去する目的で起こす能動的な細胞死[注10] について考える．

6.5.1　細胞自体に起因する細胞の異常と細胞の寿命

　細胞の機能はタンパク質の働きによって保たれており（☞ 第 4 章），タンパク質はゲノム情報に基づいて細胞内で作られている（☞ 第 5 章）．したがって，細胞がその機能を保って生き続けるには，細胞が必要とするタンパク質がゲノム情報に基づいて正しく維持されていることが必要であり，その仕組みに破綻が生じると細胞の機能に異常が起きる．このような異常を起こす最大の原因はゲノムDNA に生じる修復できない損傷である．ゲノム情報を記録している DNA は紫外線や放射線による損傷を受けている．それらが細胞機能に影響を及ぼさないよう損傷を修復する仕組みは備わっているが，修復が常に完全に行われるわけではない．また，細胞分裂に伴う DNA の複製で生じた誤りによる異常が分裂を繰り返した細胞に蓄積されて障害が生じることもある．これら様々な原因によるゲノム DNA の障害によってゲノム情報に誤りが蓄積した細胞は，正常な機能を果たせない異常細胞となる．

注 10）細胞死には，不要な細胞を除く能動的なものと外因性障害による受動的なものがある．（☞ 後者に相当する細胞死（壊死：ネクローシス）については，**薬学教育モデル・コアカリキュラム C6(7)**に準拠した専門科目で学ぶ．）

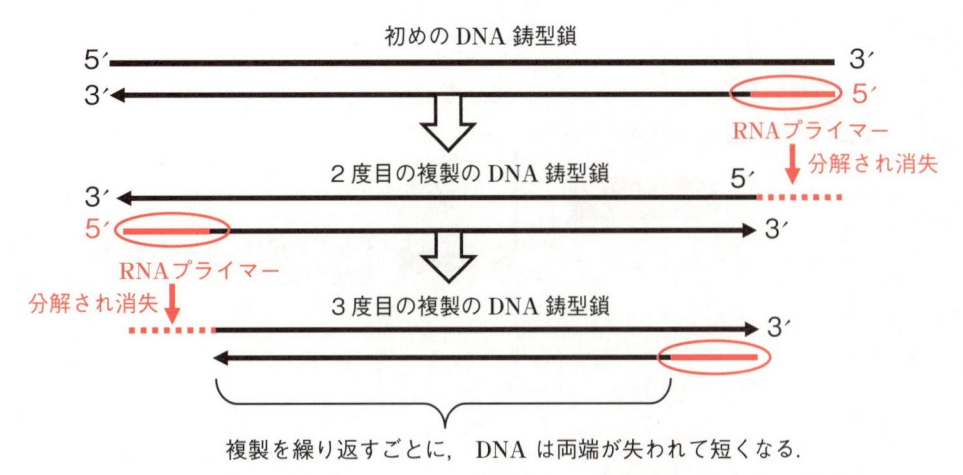

図6.11 直鎖状の二重らせんDNAの複製では，新生鎖の3′末端が短縮する

さらに，真核生物のゲノムDNAは，複製の際にRNAプライマーを必要とするため（☞ 第5章），プライマーが結合していた3′末端部分に対応する部分が複製できず，複製されたDNAは5′末端部分が短くなってしまう（図6.11）．このため，ゲノムDNAは，複製を行う度に分子の両端（染色体上ではテロメアと呼ばれる両端部分に相当する）が少しずつ失われてゆくことになる．これに対応して，真核生物のゲノムDNAは，末端部分に情報を持たないテロメア配列（ヒトでは 5′-TTAGGG-3′ の反復）を 10,000 ヌクレオチド程度持っている．しかし，テロメア配列の長さは有限であり，複製（すなわち細胞分裂）を繰り返してテロメア配列が失われるとゲノム情報の一部が損なわれることが予測され，真核生物の細胞には分裂回数に伴う老化と寿命があると考えられる[注11]．

これら様々な原因によって，体細胞には内因性の異常が蓄積して細胞が老化するので，多細胞生物の個体を健全に保つには，内因性の異常を生じた細胞を除去する仕組みが必要になる．

6.5.2 内因性の異常を生じた細胞に起きる能動的な細胞死〜アポトーシス

多細胞生物の細胞は，内因性の異常を生じた細胞や老化した細胞を除くために，細胞を自発的な死に導く“能動的な細胞死”であるアポトーシス apoptosis と呼ぶ仕組みを持っている．アポトーシスは，細胞に生じた様々な異常を検出する仕組みと，それに応答して発現するアポトーシス遺伝子群の指示によって起こる．アポトーシスの過程は，カスパーゼと呼ばれるタンパク質分解酵素群をはじめとする様々なタンパク質と細胞内のシグナル伝達系が関わる複雑な仕組みが働いており，最終的にはゲノムDNAが断片化され，核が消失して細胞質が凝縮し，細胞がアポトーシス小体に変化し，マクロファージに貪食されて消滅するという過程をたどる（図6.12）．また，アポトーシスの対象になる細胞内の異常には発が

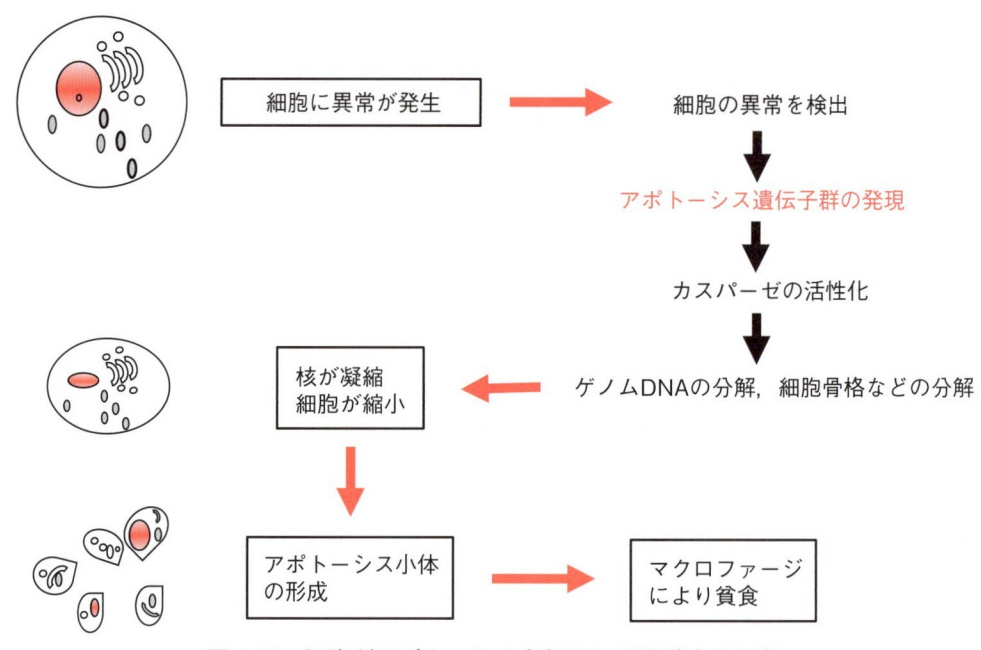

図 6.12　細胞がアポトーシスを起こして消滅する過程

ん性の変異が含まれており，アポトーシスにはがん細胞が増殖して，疾患として
のがんが発生することを抑制する役割を持つと考えられている．（☞ アポトーシ
スの分子機構や細胞内シグナル伝達系については，**薬学教育モデル・コアカリキュラム
C6(7)** に準拠した専門科目で学ぶ．）

6.5.3　プログラムされた細胞死としてのアポトーシス

　アポトーシスは，多細胞生物の発生過程において不必要になった細胞を，ゲノ
ムに記録されている発生プログラムに基づいて取り除く"プログラムされた細胞
死"としての役割も持っている．このようなアポトーシスの典型例としては，哺
乳動物や鳥類の発生過程における手足の指の形成がある．脊椎動物で四肢が形成
される初期段階では，指が水かき様の組織でつながり一体化しており，発生が進
むとこの組織を構成する細胞がアポトーシスを起こして消失して指が形成される．
また，中枢神経系における神経ネットワークの形成過程でも，不要となった神経
細胞がアポトーシスを起こして消失する．その他，カエルの発生過程に見られる
オタマジャクシの尾の消失，落葉樹の離層形成などもアポトーシスによって起き
る現象である．このように，多細胞生物では，アポトーシスがプログラムされた
細胞死として，個体の形成と維持に重要な役割を果たしている．

6.6　まとめ

① 二倍体生物である哺乳動物では，1 つの形質を決める遺伝子が一組の対立遺伝子として存在し，その組み合わせを遺伝子型という．個体の表現型は遺伝子型に依存し，異なる対立遺伝子を持つ場合は優性遺伝子の性質が表れることが多い．

② 哺乳動物は，減数分裂によって一倍体の配偶子（卵と精子）を形成する．配偶子のゲノムは，母細胞の二倍体ゲノムをランダムに組換えたモザイクとなる．

③ 哺乳動物の個体発生は，受精卵の分裂によって生じた胚の細胞の増殖と分化によって起こり，体細胞の分化は，誘導と拘束によって不可逆的に進むため，個体形成は整然と進む．

④ 分化した細胞を生み出す元になる細胞を幹細胞と呼び，決まった体細胞だけを生み出す組織（拘束）幹細胞と，異なる種類の体細胞を生み出すことができる多能性幹細胞がある．

⑤ 個体発生の起点となる胚性幹細胞（ES 細胞）はあらゆる細胞に分化できる細胞であり，iPS 細胞は，体細胞を人工的に初期化して作り出した多能性幹細胞である．

⑥ 哺乳動物など多細胞生物では，アポトーシスによって老化や突然変異などを起こして不要になった細胞を積極的に消滅させ，個体を健全に維持している．

第 **7** 章

生命機能における糖質と脂質の役割

　糖質と脂質は，タンパク質とともに，生体を構成する基本的な物質である．糖質は，すべての生物に共通するエネルギー源として重要な役割を持ち，脂質は細胞膜の基本構成成分となるとともに，エネルギー貯蔵物資としての役割をもっている．本章では糖質と脂質の生命機能に果たす役割を考える際の基本となる，両者の化学的特徴の概要を理解する．

7.1　糖質の種類と役割

7.1.1　糖質の種類

　糖質は，構成単位となる**単糖 monosaccharide**，2 〜 10 個程度の単糖が結合した**オリゴ糖 oligosaccharide**，および多数の単糖が重合した**多糖 polysaccharide** に分類される．単糖は，分子内にカルボニル基を持つ多価アルコールで，$C_nH_{2n}O_n$ という一般式を持ち[注1]，カルボニル基が炭素鎖の末端にあるもの（アルデヒド）を**アルドース aldose**，カルボニル基が炭素鎖の中間にあるもの（ケトン）を**ケトース ketose** と呼ぶ．生物に含まれている単糖の大部分は，炭素数が 3 〜 6 個のものであり，炭素数によってトリオース（三炭糖），テトロース（四炭糖），ペントース（五炭糖），ヘキソース（六炭糖）と区分する．単糖はこれらの区分を組み合わせて分類し，グルコースは，分子式が $C_6H_{12}O_6$ でアルデヒド基を持つのでアルドヘキソース，フルクトースは，分子式は同じであるがケトン基を持つのでケトヘキソースと分類する．

注1）糖質を炭水化物 carbohydrate と呼ぶのは，糖質の一般式である $C_nH_{2n}O_n$ が $(C-H_2O)n$ と表せることから，糖質を炭素に水が化合した物質と考えられたためである．

7.1.2　単糖の構造

　最も簡単な構造の単糖である炭素数 3 個のグリセルアルデヒド（アルドトリオ

ース）とジヒドロキシアセトン（ケトトリオース）の構造を図 7.1 に示す．グリセルアルデヒドは，中央の炭素原子が不斉炭素であるため，この炭素の置換基の配置の違いに基づく一組の**鏡像異性体（エナンチオマー enantiomer）**あるいは**光学異性体 optical isomer** が存在する（図 7.1，左）．鏡像異性体は，カルボニル炭素を上にして炭素骨格を縦に表記する構造式（フィッシャー投影式という）における不斉炭素に結合した水酸基の向きで区別し，右にくるものを D 体，左にくるものを L 体と定義し，この定義をすべての単糖に適用する（図 7.2）．

　炭素数が多い単糖には不斉炭素原子が複数存在する．不斉炭素を持つ分子には不斉炭素ごとに一組の立体異性体が存在するので，4 個の不斉炭素原子を持つアルドヘキソースには 16（2^4）個の立体異性体が存在する．立体異性体の中で，すべての不斉炭素で水酸基の配置が逆になっているものは同じ化合物の鏡像異性体であるが，一部の不斉炭素で水酸基の配置が異なり鏡像関係にない立体異性体は**ジアステレオマー diastereomer** であり，化学的な性質が異なる別の化合物である[注2]．複数の不斉炭素を持つ単糖の鏡像異性体に対する D 体，L 体の区別には，フィッシャー投影式でカルボニル炭素から最も離れた不斉炭素原子の水酸基の配

注 2）アルドヘキソースには 8 種のジアステレオマーがあり，それらは，アロース，アルトロース，グルコース，マンノース，グロース，イドース，ガラクトース，タロースと命名されている．（☞ これらの単糖の構造と性質については，**薬学教育モデル・コアカリキュラム C6(2)② に準拠した専門科目で学ぶ**．）

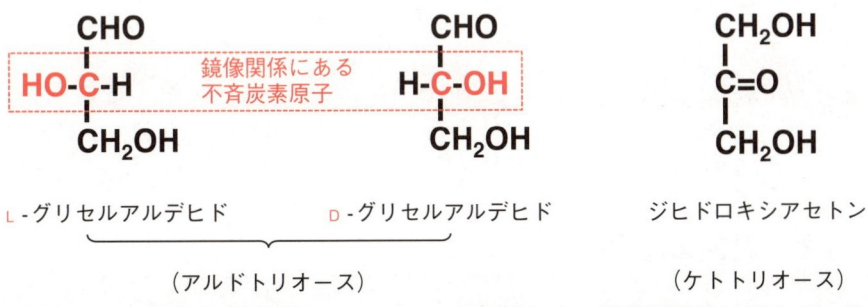

L-グリセルアルデヒド　　　D-グリセルアルデヒド　　　ジヒドロキシアセトン

（アルドトリオース）　　　　　（ケトトリオース）

図 7.1　トリオースの構造（フィッシャー投影式）と，鏡像異性体に関する D 体，L 体の定義

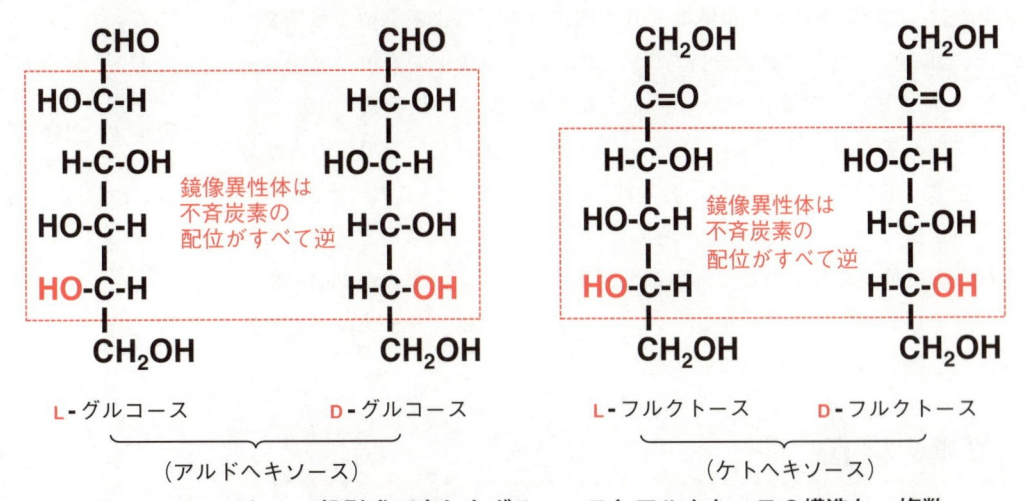

L-グルコース　　　　D-グルコース　　　　　L-フルクトース　　　　D-フルクトース

（アルドヘキソース）　　　　　　　（ケトヘキソース）

図 7.2　フィッシャー投影式で表したグルコースとフルクトースの構造と，複数の不斉炭素原子を持つ単糖における D 体，L 体の定義

置に対して，グリセルアルデヒドと同じ定義を適用する（図 7.2）．

7.1.3 単糖の環状構造

ペントースやヘキソースは，カルボニル基に水分子が付加したジオール体となり，同じ分子の水酸基との間で脱水して安定な環状の構造を形成する（図 7.3）．グルコースは 1 位のアルデヒド基に水が付加し，5 位の水酸基との間で脱水して六員環を形成し（図 7.3（a）），フルクトースでは 2 位のケト基と 5 位の水酸基との間で同様の結合による五員環を形成する（図 7.3（b））．このような構造となっ

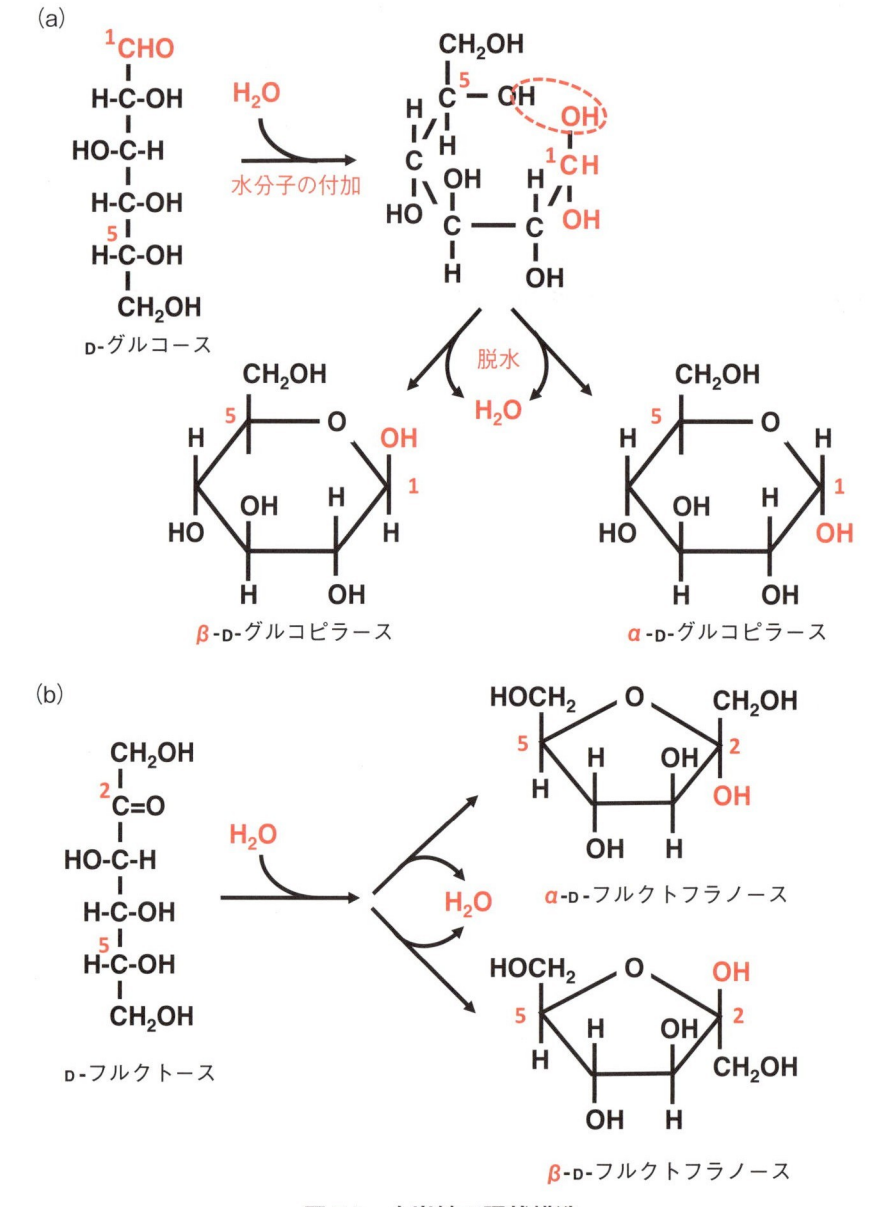

図 7.3 六炭糖の環状構造

た単糖は，酸素を含む複素環化合物であるピラン（六員環）とフラン（五員環）になぞらえて，ピラノース pyranose（六員環），およびフラノース furanose（五員環）と呼んでいる．

　環状構造をとった単糖の不斉炭素に結合している水酸基の立体配置は，カルボニル炭素（C_1 または C_2）を右にした構造式（図7.3 (a)(b)）における（–OH）の上下によって表示する．また，D体とL体はカルボニル炭素から最も遠い不斉炭素の置換基である–CH_2OH の向きで区別し，上向きのものをD体とする．

　環状構造をとった単糖では，カルボニル基であった炭素（C_1 または C_2）が不斉炭素となるため新たな立体異性体であるアノマー anomer を生じ，この不斉炭素をアノマー炭素と呼ぶ．アノマーは，α体，β体として区別し，アノマー炭素に結合している（–OH）が下向き（D，Lを決めるカルボニル炭素から最も遠い不斉炭素の置換基と逆向き）になるものをα体とする（図7.3(a)(b)）．したがって，環状構造をとった単糖には4つの立体異性体が存在することになり，α，βとD，Lとの組み合わせを明示し，グルコースはα–D–グルコース，β–D–グルコースなどと表記する[注3]．

7.1.4　生体内に存在する主な単糖

　生物は光合成によって二酸化炭素と水からグルコースを作り（☞ 第9章），グルコースを出発材料にして様々な単糖を作り出している．それらの主なものには，アルドヘキソースのガラクトースとマンノース，アルドペントースのリボー

注3）環状構造をとった単糖では，ピラノース，フラノースの別を示すため，グルコースをα–D–グルコピラノース，フルクトースをβ–D–フラクトフラノースなどと表記する（図7.3 (a)(b)）．しかし，生命科学の分野では，環状構造に関する区別は省略し，α–D–グルコース，β–D–フルクトースなどと表記することが一般的である．

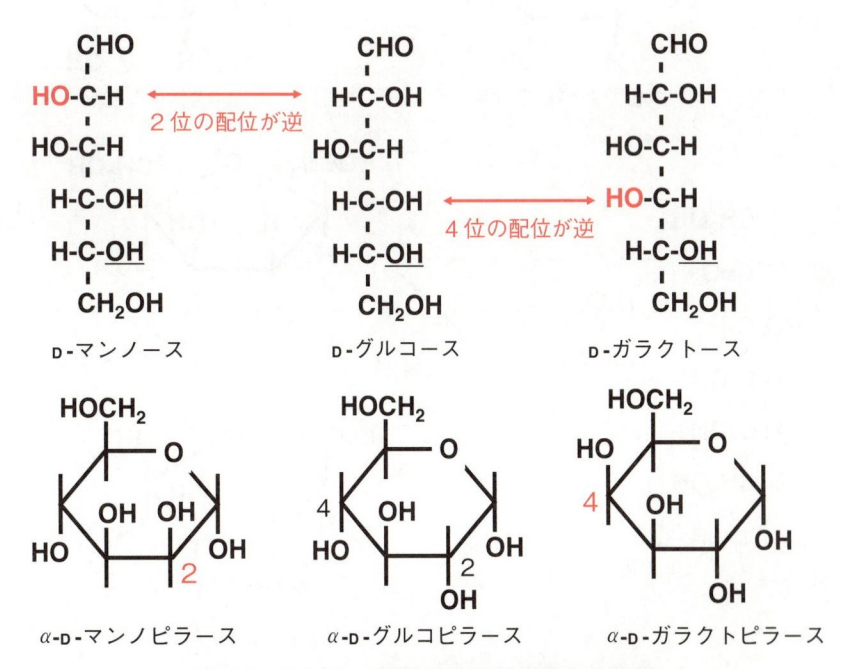

図7.4　エピマー関係にある代表的な六炭糖

スと**キシロース**，アルドテトロースの**トレオース**，アルドトリオースの**グリセル
アルデヒド**があり，ケトヘキソースの**フルクトース**とケトトリオースの**ジヒドロ
キシアセトン**がある．

　これらの単糖の中で，アルドヘキソースであるグルコース，ガラクトース，マ
ンノース，およびアルドペントースであるリボースとキシロースは相互にジアス
テレオマーの関係にある[注2]．ジアステレオマーの中で，1 個の不斉炭素原子で
のみ立体配置が異なるものを**エピマー epimer** と呼び，マンノースとグルコース，
グルコースとガラクトースはそれぞれエピマーの関係にある（図 7.4）．

7.1.5　単糖の縮重合によるオリゴ糖と多糖の生成

　環状構造をとった単糖のアノマー炭素に結合した水酸基が，別の分子の水酸基
と脱水縮合することで形成される結合を**グリコシド結合 glycosidic bond** と呼
ぶ．単糖は，グリコシド結合で重合することによってオリゴ糖や多糖を生じる．
単糖間で形成されるグリコシド結合は，アノマー炭素に結合している水酸基の立
体配置（α，β）と結合相手の水酸基が結合している炭素によって $\alpha(1 \rightarrow 4)$，α
$(1 \rightarrow 6)$ などのように区別して表記する（図 7.5）．

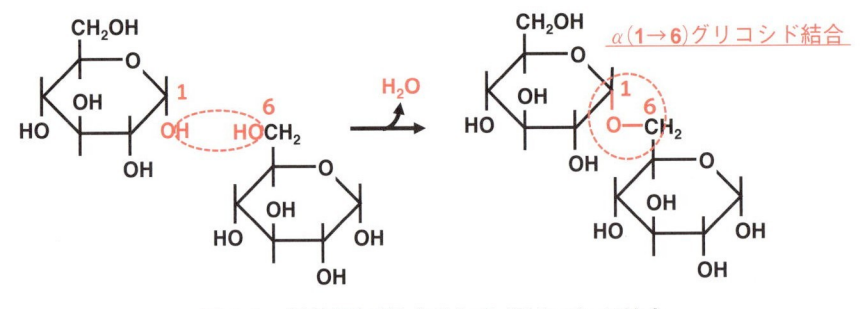

図 7.5　単糖間に形成されるグリコシド結合

7.1.6　二糖類

　二分子の単糖がグリコシド結合で縮合した化合物を**二糖 disaccharide** と呼ぶ．
代表的な二糖としては，2 分子のグルコースが $\alpha(1 \rightarrow 4)$ グリコシド結合した**マ
ルトース maltose**，β-D-ガラクトースの 1β 水酸基とグルコースの 4 位の水酸基

が β(1 → 4) グリコシド結合でした**ラクトース lactose**（乳糖），α-D-グルコース
と β-D-フルクトースのアノマー水酸基同士が α, β(1 → 2) 結合した**スクロース
sucrose**（ショ糖）などがある（図 7.6）．マルトースはデンプンの消化過程で生
じる中間体で，アミラーゼがデンプンに作用することで生じる．ラクトース哺乳
動物の乳汁中に含まれる二糖で，スクロースは甘味料の砂糖である．これらの例
からわかるように，単糖同士の縮合は様々な様式があり，様々なオリゴ糖が生じ
る．

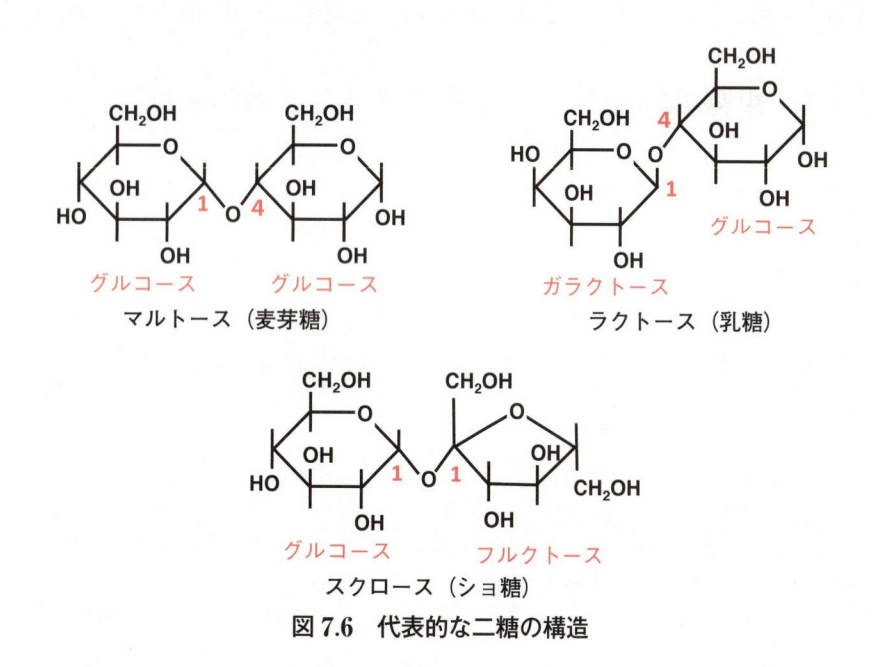

図 7.6　代表的な二糖の構造

7.1.7　多　糖

　単糖がグリコシド結合で重合した多糖には，グリコシド結合に関わる水酸基が
複数あるため分枝多糖もある（図 7.7）．緑色植物の貯蔵糖質であるデンプンは，
アミロース amylose と**アミロペクチン amylopectin** の混合物であり，前者は
グルコースが α(1 → 4) グリコシド結合で多数重合した直鎖状多糖で，後者は グ
ルコースが α(1 → 4) グリコシド結合で重合した鎖に α(1 → 6) グリコシド結合に
よる枝分かれが含まれる分枝多糖である（図 7.7）．また，動物の貯蔵多糖である
グリコーゲン glycogen もアミロペクチンと類似した分枝多糖であるが，
α(1 → 6) グリコシド結合による枝分かれの頻度がアミロペクチンより高い．
　多糖の分子特性は，重合に関わるグリコシド結合の様式によって大きく変わる．
アミロースとセルロースはいずれもグルコースが直鎖状に重合した多糖であるが，
前者が水溶性の物質であるのに対して，後者は水に不溶で強い強度を持つ繊維で
ある．この違いは，アミロースが α(1 → 4) グリコシド結合，セルロースが β

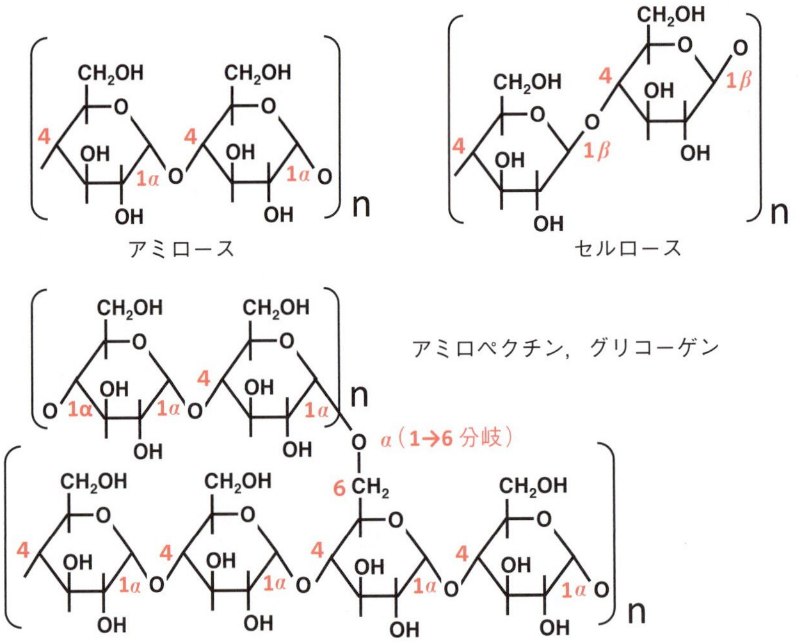

図 7.7　多糖を形成するグリコシド結合の様式

$(1 \rightarrow 4)$ グリコシド結合で重合していることによるものである（図 7.7）．植物は，光合成で作り出されるグルコースを水溶性のアミロースに変換してエネルギー貯蔵物質とする一方，同じグルコースを異なる様式で重合させてセルロースを作り，細胞壁の骨格となる強靭な構造物質としている．

7.2　脂質の種類と役割

7.2.1　脂質の種類

　脂質は，疎水性の生体内物質であり，**単純脂質 simple lipid** と**複合脂質 complex lipid**，および脂溶性低分子の**ステロイド steroid** がある．単純脂質には，長鎖脂肪酸とグリセリンのエステルである**トリアシルグリセロール triacylglycerol** と長鎖脂肪酸とアルコールのエステルである**ロウ wax** があり，複合脂質には，グリセロールあるいはスフィンゴシンに脂肪酸とアミノアルコールのリン酸エステルが結合した**リン脂質 phospholipid**，リン脂質のリン酸エステル部分が糖に置き換わった**糖脂質 glycolipid** がある．

7.2.2　脂肪酸

脂肪酸 fatty acid は，飽和脂肪酸 saturated fatty acid と不飽和脂肪酸 unsaturated fatty acid に分かれ，哺乳動物の脂質に含まれている主な脂肪酸は，表7.1 に示す炭素数が 16，18，20 個のものとなっている[注4]．これらの脂肪酸の構造式は図7.8 のようになり，炭素にはカルボキシ基の炭素を 1 とする番号をつけ，不飽和脂肪酸の二重結合の位置は炭素の番号で表す．また，脂肪酸の炭素を α，β，γ などのギリシャ文字で表示する場合はカルボキシ基に隣接す炭素（C_2）を α とする．飽和脂肪酸では，すべての C–C 結合が自由回転できるので，アルキル鎖が様々な折れ曲がり構造をとることが可能であるが，生物に含まれる不飽和脂肪酸の二重結合はすべてシス *cis* 配位であるため，不飽和脂肪酸のアルキル鎖は二重結合の位置で固定された折れ曲がりを生じる（図7.8）．脂肪酸のア

注4）生体に含まれる脂肪酸の炭素数が偶数である理由は，脂肪酸が炭素 2 個の酢酸（アセチル CoA）を順次結合させることで生合成されるからである．

表7.1　天然に存在する主な脂肪酸

	炭素数	脂肪酸名	化学式
飽和脂肪酸	16	パルミチン酸	$CH_3(CH_2)_{14}COOH$
	18	ステアリン酸	$CH_3(CH_2)_{16}COOH$
	20	アラキジン酸	$CH_3(CH_2)_{18}COOH$
不飽和脂肪酸	16	パルミトレイン酸	$CH_3(CH_2)_5CH=CH(CH_2)_7COOH$
	18	オレイン酸	$CH_3(CH_2)_7CH=CH(CH_2)_7COOH$
	18	リノール酸	$CH_3(CH_2)_4CH=CH(CH_2)CH=CH(CH_2)_7COOH$
	18	α-リノレン酸	$CH_3(CH_2CH=CH)_3(CH_2)_7COOH$
	20	アラキドン酸	$CH_3(CH_2)_4(CH=CHCH_2)_4(CH_2)_2COOH$

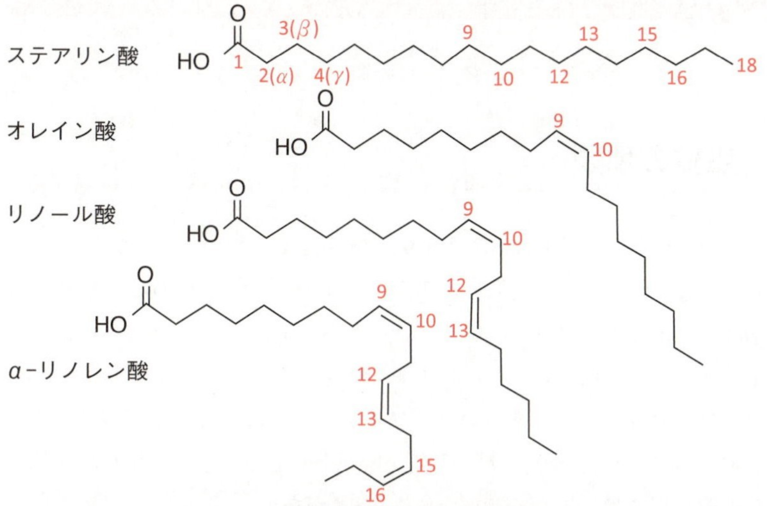

図7.8　炭素数 18 個の脂肪酸の構造
脂肪酸のアルキル鎖の二重結合はシスであるため，不飽和度の高い脂肪酸ではアルキル鎖の折れ曲がりが強くなる．

ルキル鎖の構造は，トリアシルグリセロールやリン脂質の流動性に影響を与え，固定された折れ曲りのあるアルキル鎖を持つ不飽和脂肪酸の含量が多いものは，分子の集合状態がゆるくなるため，流動性が大きくなって融点が低くなる[注5].

7.2.3　トリアシルグリセロール

トリアシルグリセロールは，グリセロールの 3 つの水酸基に脂肪酸がエステル結合した化合物（図 7.9）で，3 つの脂肪酸は同一でない場合が多い．トリアシルグリセロールは，分子全体でみると無極性で，水には溶けない．トリアシルグリセロールは，エネルギー貯蔵物質として皮下や内臓の脂肪組織に貯蔵されている（☞ 第 9 章）.

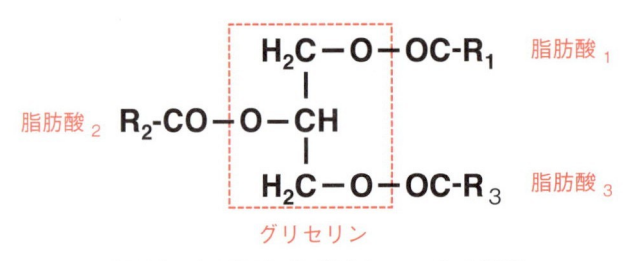

図 7.9　トリアシルグリセロールの構造

7.2.4　リン脂質

リン脂質には，グリセロールを基本構造とする**グリセロリン脂質 glycerophospholipid** と，スフィンゴシンを基本構造とする**スフィンゴリン脂質 sphingophospholipid** がある.

グリセロリン脂質は，グリセロールの 1，2 位の水酸基に長鎖脂肪酸がエステル結合し，3 位の水酸基に置換基（X）を持つリン酸がエステル結合した化合物（図 7.10）であり，基本となるものは X ＝ H の**ホスファチジン酸 phospatidic acid** である．動物細胞に含まれる主なグリセロリン脂質には，置換基がコリン，エタノールアミン，セリンである，**ホスファチジルコリン phosphatidylcholine**，**ホスファチジルエタノールアミン phosphatidylethanolamine**，**ホスファチジルセリン phosphatidylserine** がある（図 7.10）．グリセロリン脂質は，グリセリンのリン酸エステル部分が親水性の頭部，2 つの脂肪酸の長いアルキル鎖が疎水性の尾部となる**両親媒性物質**である.

スフィンゴリン脂質は，長鎖アミノアルコールであるスフィンゴシンが骨格となり，そのアミノ基には長鎖脂肪酸が酸アミド結合し，水酸基には置換基を持ったリン酸がエステル結合した化合物（図 7.11）であり，スフィンゴリン脂質の大部分は，リン酸部分の置換基にコリンを持つ**スフィンゴミエリン**

注 5）飽和脂肪酸（ステアリン酸やパルミチン酸）の含量が高いトリアシルグリセロールを主体とする動物の脂肪は常温で個体であるが，不飽和脂肪酸（オレイン酸，リノール酸，リノレン酸など）の含量が高いトリアシルグリセロールである植物油は常温で液体である．また，水温の低い海域に生息する魚類では，細胞の柔軟性を保つため，リン脂質や脂肪組織の不飽和脂肪酸含量が高くなっている.

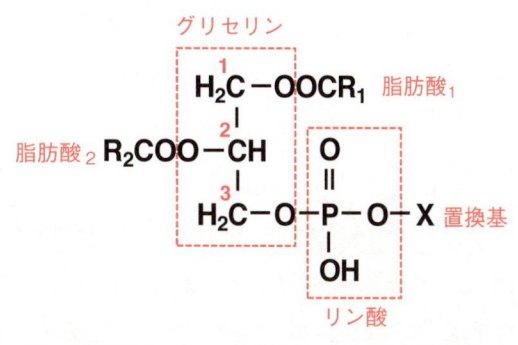

図7.10　グリセロリン脂質の構造

置換基（X）の名称	化学式	リン脂質としての化合物名
水素	-H	ホスファチジン酸
エタノールアミン	$-CH_2CH_2NH_3^+$	ホスファチジルエタノールアミン
コリン	$-CH_2CH_2N(CH_3)_3^+$	ホスファチジルコリン
セリン	$-CH_2CH(NH_3^+)COO^-$	ホスファチジルセリン

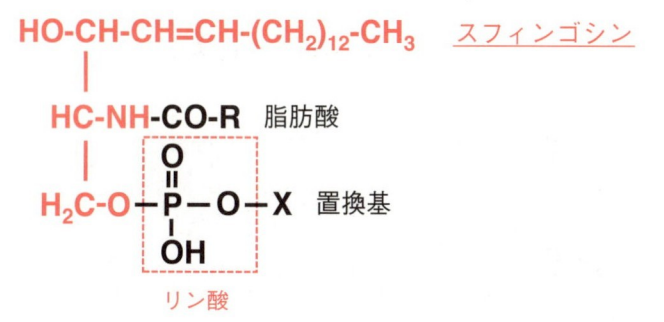

$$X = -CH_2CH_2N(CH_3)_3^+ \text{（コリン）：スフィンゴミエリン}$$

図7.11　スフィンゴシンとスフィンゴリン脂質の構造

sphingomyelin（図7.11）である．スフィンゴリン脂質では，スフィンゴシンと脂肪酸の長いアルキル鎖がグリセロリン脂質の場合と同様に2本の疎水性尾部となり，両親媒性を示す．

　両親媒性を持つグリセロリン脂質とスフィンゴリン脂質を水のある環境に置くと，頭部を水に向け尾部のアルキル鎖同士が内側で向かい合った二重の層（**脂質二重層**）を形成し（図7.13），7.3節で学ぶように，生体膜の基礎構造となる．

7.2.5　糖脂質

注6）糖脂質の多くはガラクトースなどの単糖が結合しているが，スフィンゴ糖脂質の中にはオリゴ糖を含むものもある．

　糖脂質は，グリセロリン脂質およびスフィンゴリン脂質のリン酸エステル部分が糖[注6]に置き換わったもので，それぞれ**グリセロ糖脂質**および**スフィンゴ糖脂質**と呼ばれる．糖脂質は，糖部分が膜の表面に突き出す形で細胞膜に組み込まれており，糖部分が細胞の相互認識に関わっていることが多い．

7.2.6　ステロイド

　ステロイドは，原核生物を除くすべての生物に含まれるステロイド骨格（図7.12）を基本構造に持つ低分子脂質で，哺乳動物には**コレステロールcholesterol**とそれから体内で合成される**ステロイドホルモン**（副腎皮質ホルモン，性ホルモン）などの生理活性を持つ化合物群（図7.12）がある．コレステロールは，次節で述べるように細胞膜の構成成分の 1 つであり，細胞膜の強度と流動性を調節する役割を持っている．

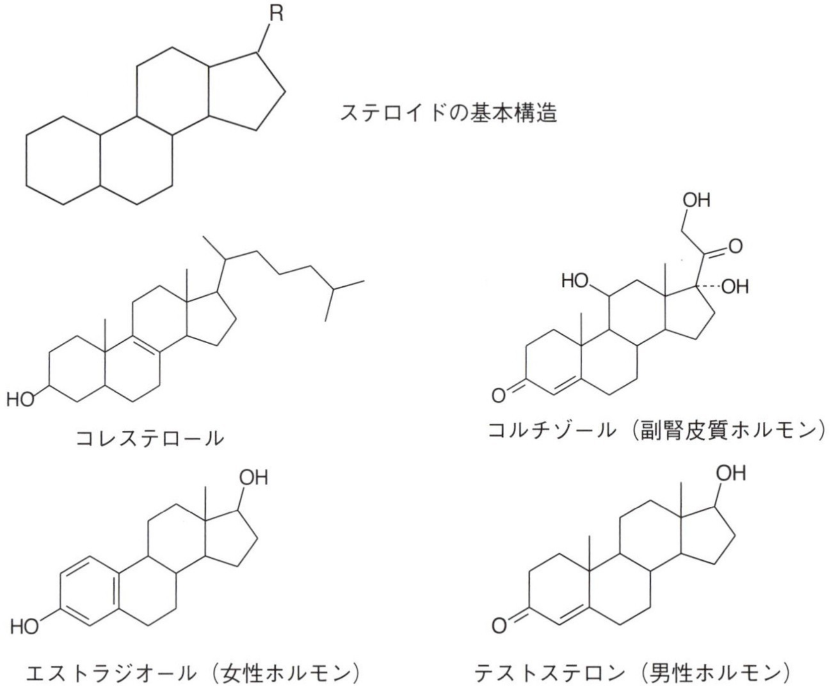

ステロイドの基本構造

コレステロール

コルチゾール（副腎皮質ホルモン）

エストラジオール（女性ホルモン）

テストステロン（男性ホルモン）

図 7.12　哺乳動物に含まれる代表的なステロイド

7.3　生体膜の基礎構造としての脂質

　第 2 章で学んだように，真核生物の細胞には様々な膜構造があり，それらの基盤はリン脂質を主体とする脂質二重層（☞ 第 2 章，図 2.2 参照）である．脂質二重層は，両親媒性を持つリン脂質が水の中で，リン酸エステル部分（極性の頭部）を水に向け，脂肪酸のアルキル鎖（無極性の尾部）を内部に向けて集合して二重の層を形成したもの（図 7.13）で，二重層の内側に並んだアルキル鎖間に働

くファンデンワールス力や疎水性相互作用によって，膜を形成する面の方向にも強く結びついている．これらの力によって，リン脂質の二重層は，適当なイオン強度のある水の中では，閉じた袋状の小胞（リン脂質リポソーム）を自律的に形成することができる（図 7.13）．細胞膜をはじめとする閉じた袋状の構造を持つ生体膜は，リン脂質が持っているこの物性によって実現されている．

　生体膜を構成するリン脂質には飽和脂肪酸（パルミチン酸，ステアリン酸）と不飽和脂肪酸（オレイン酸，リノール酸，リノレン酸）がほぼ 1：1 の割合で含まれているため，脂質二重層の内側では，不飽和脂肪酸の側鎖の固定された折れ曲がり（図 7.8）が，アルキル鎖が並列して高密度に集合することを妨げて，脂質二重層による膜の内部に適度な流動性を与えている．この流動性は生体膜に適度な柔軟性与え，様々なタンパク質を埋め込んだ構造を持つ生体膜（☞ 第 2 章，図 2.2 参照）の構築を可能にしている．

　生体膜を構成する脂質は均一ではなく，基本となるグリセロリン脂質以外に，スフィンゴリン脂質や糖脂質が含まれ，リン脂質や糖脂質のアルキル鎖のサイズや不飽和度も一定ではない．また，生体膜の脂質二重層にはコレステロールも含まれており，脂肪酸のアルキル鎖の間に挿入されるコレステロールの割合によって膜の流動性と強度が変化する．生体膜の強度と柔軟性は，上で述べた諸要因の組み合わせによって変化するので，細胞やオルガネラはそれらの性質に適した脂質の組成を持っていると考えられる．

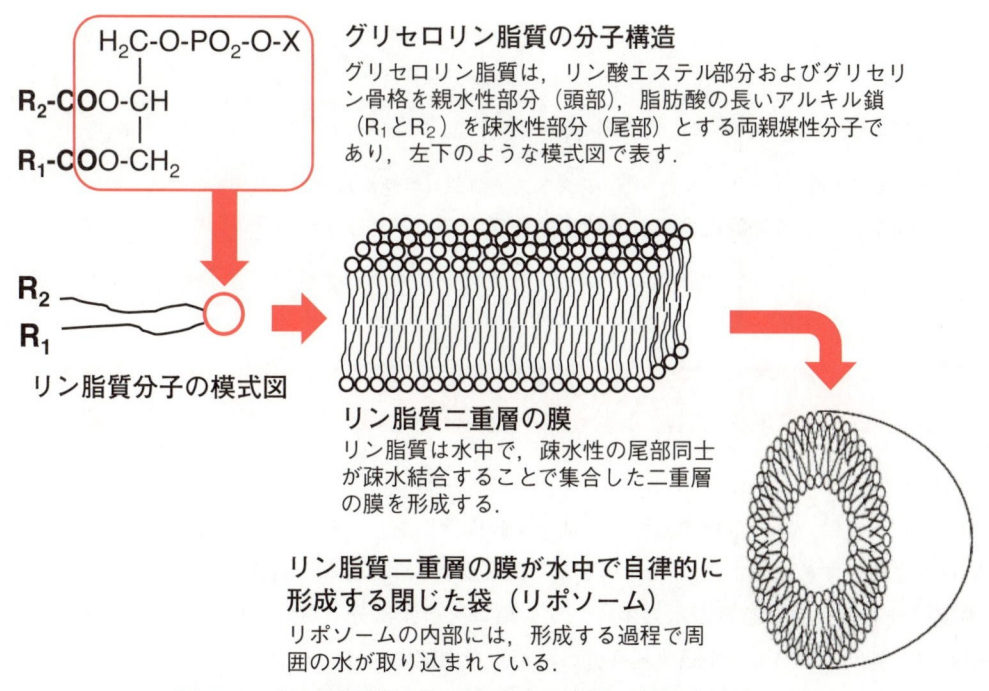

グリセロリン脂質の分子構造

グリセロリン脂質は，リン酸エステル部分およびグリセリン骨格を親水性部分（頭部），脂肪酸の長いアルキル鎖（R_1 と R_2）を疎水性部分（尾部）とする両親媒性分子であり，左下のような模式図で表す．

リン脂質分子の模式図

リン脂質二重層の膜

リン脂質は水中で，疎水性の尾部同士が疎水結合することで集合した二重層の膜を形成する．

リン脂質二重層の膜が水中で自律的に形成する閉じた袋（リポソーム）

リポソームの内部には，形成する過程で周囲の水が取り込まれている．

図 7.13　リン脂質が水中で形成する脂質二重層のリポソーム

7.4　まとめ

① 糖質の構成単位である単糖は，カルボニル基を持つ多価アルコールで，アルデヒドであるアルドースと，ケトンであるケトースがある.

② 複数の不斉炭素を持つ単糖には，鏡像異性体（エナンチオマー）とジアステレオマーがあり，ジアステレオマーは，グルコース，マンノース，ガラクトースのように，異なる化学的性質を持つ別の化合物となる.

③ ペントースとヘキソースは，水のある環境で環状構造（五員環のフラノース構造，または六員環のピラノース構造）をとり，カルボニル基であった炭素が水酸基を持った不斉炭素となり，新たな立体異性体であるアノマーを生じる.

④ 環状のペントースとヘキソースは，アノマー炭素の水酸基が関わるグリコシド結合によって重合し，オリゴ糖や多糖を生じる.

⑤ 多糖には直鎖構造のものと分枝構造のものがあり，多糖の性質はグリコシド結合に関わるアノマー水酸基の立体配置によって，アミロースとセルロースのように，著しく異なる.

⑥ 脂質には，トリアシルグリセロール，リン脂質，糖脂質，およびステロイドがある.

⑦ トリアシルグリセロールは，グリセロールの長鎖脂肪酸エステルであり，主な役割は貯蔵エネルギー源である.

⑧ リン脂質には，グリセロリン脂質とスフィンゴリン脂質があり，前者はグリセロール，後者はスフィンゴシンに長鎖脂肪酸とリン酸エステルが結合したもので，極性の頭部と無極性の尾部を持つ両親媒性分子である.

⑨ 糖脂質はリン脂質のリン酸エステル部分が糖で置き換えられた脂質である.

⑩ リン脂質は，極性の頭部を外側にして無極性の尾部を内側に向けて集合した脂質二重層を形成することで生体膜の基本構造となる.

⑪ トリアシルグリセロールやリン脂質の構成要素となる脂肪酸は，大部分が炭素数 16，18，20 の飽和または不飽和脂肪酸であり，不飽和脂肪酸の含量が高いほどトリアシルグリセロールの融点は低くなり，脂質二重層の流動性（柔軟性）は高くなる.

⑫ 動物に含まれるステロイドの中核となるコレステロールは，生体膜の脂質二重層の柔軟性を調節する役割を持つとともに，ステロイドホルモンの合成素材となる.

第 8 章

生体内で行われる化学反応の特徴と酵素の役割

これまでの章では，生命機能が化学的な仕組みの上に成り立っていることを学んだ．化学的な仕組みを基盤とする生命機能を維持するため，生体内では様々な化学反応が行われている．本章では，生体内で行われる化学反応である代謝の特徴と代謝を制御する酵素の役割とを理解するために必要な基礎的事項を学ぶ．

8.1 生体内で行われる化学反応の特徴

生体内では，生命活動に必要なエネルギーを得るため糖質や脂質を酸化分解し，細胞の構造を維持するためアミノ酸や脂肪酸からタンパク質や脂質を合成するなど，様々な代謝 metabolism が行われている．代謝の実体は化学反応であるが，生体内で行われる化学反応には，"生命機能を維持する"という目的に沿った特徴がある．例えば，生物がエネルギーを得る代謝はグルコースと酸素から二酸化炭素と水を生じる化学変化（$C_6H_{12}O_6 + 6O_2 \rightarrow 6CO_2 + 6H_2O$）であるが，生物はこれをグルコースと酸素を直接反応させて熱エネルギーを得る燃焼反応としては行っていない．生物は，第 9 章で学ぶように，グルコースを連続する多段階の化学反応によって二酸化炭素と水に酸化し，遊離されるエネルギーを ATP の形で蓄えている（グルコース代謝：図 9.3 ～ 9.8 参照）．このように，生体内で行われる化学変化の多くは"連続した多段階の化学反応"として進んでいる．

多段階の連続反応で進む化学変化を構成する個々の化学反応を"素反応"と呼び，4 つの素反応で化合物 A を化合物 E に変化させる連続反応は，"A → B → C → D → E"のように表す．このような形で連続して進む生体内の化学変化を代謝経路 metabolic pathway と呼び，A を出発物質，E を最終代謝物，化合物 B，C，D を代謝経路の中間体という．

8.2　代謝経路

　　生体内で働いている代謝経路がどのようなものであるかという概念を，動物が三大栄養素を代謝している代謝経路の概要（図 8.1）を例にして考えてみよう．すなわち，糖質（グルコース）は，ピルビン酸，アセチル CoA（活性化された酢酸），クエン酸などを主な中間体とする経路によって代謝されて二酸化炭素を生成している．また，脂質から生じる脂肪酸やタンパク質から生じるアミノ酸も，アセチル CoA など糖質代謝の中間体に代謝されており，アセチル CoA からは脂肪酸を経てトリグリセリドを合成する経路が分岐している[注1]．

注1）図 8.1 の代謝経路は，主要な中間体のみを示すもので，実際の代謝経路にはこの図には示されていない多数の中間体が存在する．様々な代謝と代謝経路に関する具体的で詳しい内容は，**薬学教育モデル・コアカリキュラム C6(5) に準拠**した専門科目で学ぶ．

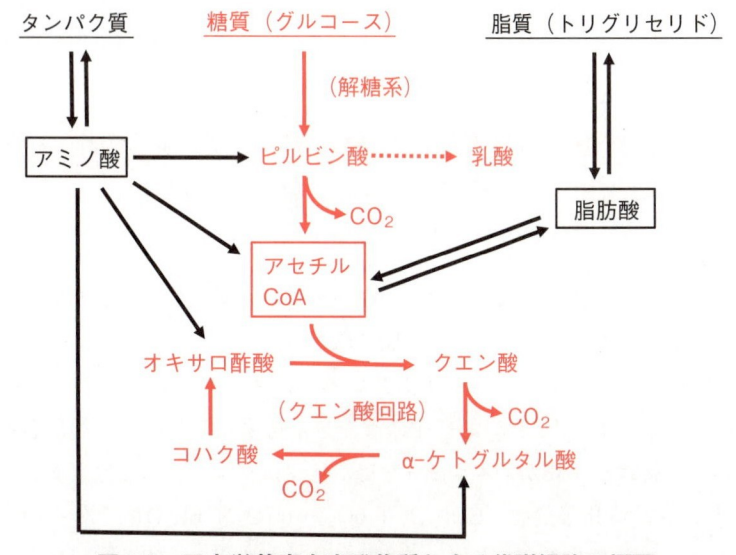

図 8.1　三大栄養素を出発物質とする代謝経路の概要

赤色で示す経路は，糖質（グルコース）を酸化してエネルギーを得る代謝経路概要であり，生物はこの代謝経路でグルコースの炭素をすべて二酸化炭素に酸化している（詳しくは第 9 章参照）．

　　代謝経路に沿った化学反応がスムーズに進むために必要なことは，経路を構成する素反応が順序よく特異的に進むことである．すなわち，図 8.2 に示す模式的な代謝経路では，出発物質 A に対しては中間体 B を生じる反応だけが起こり，中間体 B は必ず中間体 C に代謝される．しかし，分岐点の中間体 C に関しては，2 つの中間体（第一の経路の D と第二の経路の E）のどちらに代謝するかを目的に応じて制御することが必要になる．また，この代謝経路全体としての反応の速さは，目的とする代謝物である F および G が生命機能の維持に必要かつ十分な量だけ産生できる様に調節されている必要があり，個々の素反応はその目的に適う過不足のない速さで進まなければならない．このように，生体内の化学変化で

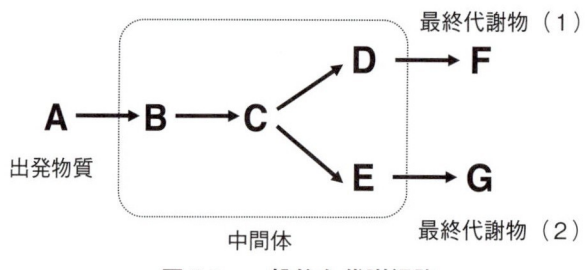

図 8.2　一般的な代謝経路

は，個々の素反応を目的に沿って進むよう制御することが必要となる．これらの必要性に対応し，生体内の化学反応を制御する役割を担っているものが酵素である．

8.3　代謝経路を制御する酵素

　酵素 enzyme は，第 4 章（4.4.1 項，41 ページ）で学んだように，生体内反応の触媒として働くタンパク質である．生体内反応の触媒である酵素が，代謝経路の制御でどのような役割を演じているかを，図 8.3 に示す模式的な代謝経路を用いて考えてみよう．

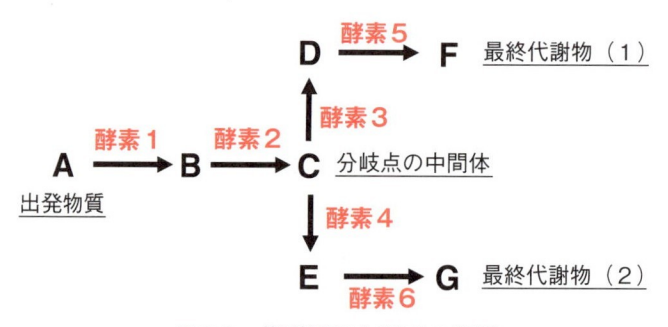

図 8.3　代謝経路と酵素の関係

　この代謝経路では先ず，酵素 1 の働きで化合物 A から生じた生成物 B がこの化合物に作用する酵素 2 によって生成物 C に変えられる．化合物 C に作用する酵素には 2 種類（酵素 3 と酵素 4）あり，酵素 3 は化合物 C を生成物 D に変換し，酵素 4 は同じ化合物 C を別の生成物 E に変換する．これによって代謝経路の分岐が起きる．分岐した後の代謝経路で中間体 C から生じた化合物 D と E は，それぞれに作用する酵素 5 と 6 の働きで生成物 F と G に変えられる．このように，この代謝経路では，酵素 1 〜 6 が出発物質 A と中間体 B, C, D, および E を決まった生成物に変化させることによって，出発物質である化合物 A を目的

とする最終代謝物である化合物 F と G に変換している．また，この代謝経路が，
生命機能を維持するために必要な速さでスムーズに流れるよう，酵素 1 ～ 6 は，
それぞれが触媒する反応の速さを代謝経路全体の反応速度に合うように調節して
いる．

　このように，酵素には，① 決まった化合物である**基質 substrate** にだけ作用
する**基質特異性 substrate specificity**，② 基質を特定の生成物に変える**反応特**
異性 reaction specificity，および ③ 自らが触媒する反応の速さを調節する**活**
性調節機能という 3 つの特徴を兼ね備えた生体内触媒として，生体内で起こる化
学変化を制御する主役として働いている．

　酵素の性質や特徴を理解するためには，酵素の分類，酵素反応の機構，酵素反
応の速度論などについての知識が必要となるが，ここでは，代謝経路の制御に関
わる 3 つの特徴について考える．（☞ 酵素全般に関する具体的な知識は，**薬学教育モ**
デル・コアカリキュラムの C6(3)③ に準拠した生物系の専門科目で学ぶ）．

8.3.1　基質特異性と反応特異性

　酵素を特徴づける性質である基質特異性と反応特異性は，酵素がタンパク質で
あり，タンパク質が様々な立体構造を持つ多彩な分子を生み出す潜在能力を持っ
ていることによって表現されている．

　基質特異性は，個々の酵素タンパク質の**活性部位 active site** の立体構造が，
それぞれの基質分子の立体構造を認識して特異的に結合すると考えれば理解でき
る．ところで，図 8.3 の代謝経路における基質 A の生成物 B への変換は，多く
の場合，基質 A に別の化合物 X を反応させて生成物 B を生じる化学反応（A ＋
X → B ＋ X′）によって行われる．したがって，この反応を触媒する酵素 1 の活
性部位には基質 A と化合物 X に対する特異的な結合部位があり，A と X が B
を生じる反応を起こすための最適な位置関係で活性部位に固定されることで"基
質 A を生成物 B にだけ代謝する"という反応特異性が生じることになる（図 8.4
(a)）．このように，酵素の基質特異性と反応特異性は，酵素が基質など反応に関
わる分子の立体構造を認識してそれらが最も反応しやすい位置関係になるように
固定する活性部位の構造を持つことによって実現されている[注2]．

　このような仕組みで実現されている酵素の反応特異性は，代謝経路を分岐させ
る上でも有効に機能している．すなわち，図 8.3 に示す代謝経路の分岐は，中間
体 C を基質とする酵素が 2 つあり，一方（酵素 3）が C を化合物 Y と特異的に
反応させて D に変換し，他方（酵素 4）が C を化合物 Z と反応させて E に変換
するという異なった反応特異性を持つこと（図 8.4 (b)）によって実現されている．

　これらの例で気づくように，生体内での化学変化を目的に沿って進めている代
謝経路を構成する基本となっているものは，経路を構成している素反応を触媒す
る酵素の基質特異性と反応特異性なのである．

注2）触媒は反応物同士が
反応できる状態で衝突する
頻度を増すことで化学反応
の活性化エネルギーを下げ
て反応を促進する作用を発
揮する化学物質である．タ
ンパク質でできた触媒であ
る酵素は，活性部位と反応
物との立体特異的相互作用
によって，反応物同士が接
触して反応できる状態に固
定することで活性化エネル
ギーを下げている．酵素は
それに加えて活性部位に結
合する反応物に対する特異
性を持つことで反応の特異
性をも高めている．

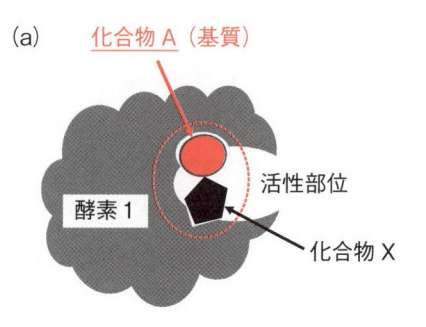

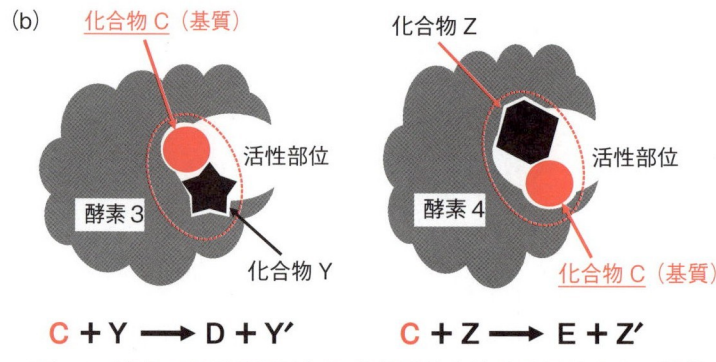

図8.4　酵素の基質特異性と反応特異性を決める活性中心の構造

　（a）酵素1の活性部位には，基質Aと化合物Xの構造を見分けてそれぞれと特異的に結合する部分構造を持つ部位がある．それらの部位に結合することで，基質Aと化合物Xは化学反応が起きる状態で接触できることになり，生成物Bを生じる．

　（b）基質Cと特異的に結合する部分構造は，酵素3と酵素4の活性部位に共通して存在するが，化合物Yと特異的に結合する部分構造は酵素3の活性部位にしか存在せず，化合物Zと特異的に結合する構造は，酵素4の活性部位にのみ存在する．このため，酵素3はCをDに，酵素4はCをEに変えるという反応特異性を示す．

8.3.2　酵素活性の調節

　酵素活性は，温度，イオン強度，pHなど，化学反応の速度に影響する環境要因によって変化する．しかし，それらの要因が生理的な条件下で進んでいる代謝経路の調節に関わるほど大きく変化することはほとんどないので，ここでは代謝経路の調節に関わる酵素活性の調節に限って考える．

1）基質濃度による酵素反応速度の変化

　酵素が触媒する反応が起こる必要条件は，酵素の活性部位に基質が結合することであり，活性部位に結合した基質は速やかに生成物に変換される．したがって，酵素が触媒する反応の速度（単位時間に生じる生成物の量）は，酵素・基質複合体（E・S）の量に依存することになる．酵素（E）と基質（S）との結合は一般に，速い平衡反応（E ＋ S ⇄ E・S）であるため，酵素量（E）が一定である場

合の酵素反応の速度 [v] は，基質の濃度 [S] に依存することになる（図 8.5）．図に示すように，基質が大過剰であれば，反応速度は酵素量によって決まる**最大反応速度**（V_{max}）となるが，生体内では基質が大過剰となることは少なく，反応速度は基質濃度の影響を受ける．この影響を評価する指標（酵素の基質に対する親和性の指標）は，図 8.5 で反応速度が最大反応速度の半分になる基質濃度である**ミカエリス定数**（K_m）である[注3]．基質の細胞内濃度がこの値の付近にあれば，酵素反応の速度は基質の濃度によって大きく変化する．

注3）基質濃度による酵素反応の速度の変化を解析してミカエリス定数を求める方法や，酵素反応速度に対して競合阻害剤，アロステリック・エフェクターなどが与える影響を理論的に解析する"酵素反応速度論"は，酵素の理解に必須の知識であるが，<u>それらについては物理化学などの基礎知識を基礎にして，薬学教育モデル・コアカリキュラムの C6 (3)③ に準拠した専門科目で学ぶ</u>．

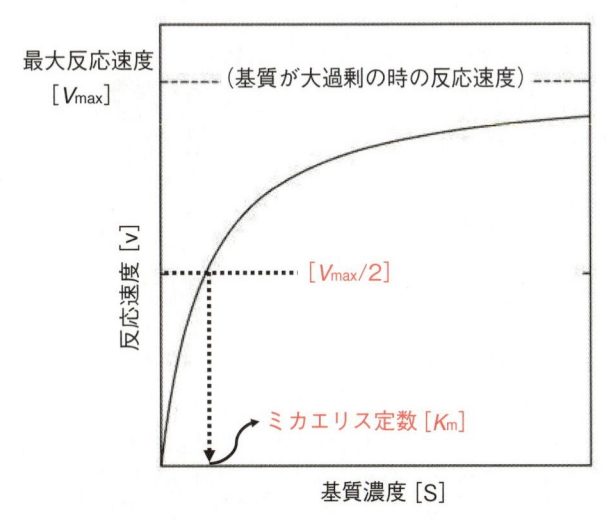

図 8.5　基質濃度による酵素反応速度の変化を示す理論グラフ

2）基質以外の物質による酵素反応速度の調節

　酵素の活性部位は，基質分子を立体構造によって識別しているので，基質と立体構造が類似した化合物とも結合する．このため，基質と立体構造が類似した化合物は，基質と競合して活性部位に結合して酵素の働きを阻害するので，**競合阻害剤 competitive inhibitor** と呼ぶ[注3]．生理的に行われている酵素活性の調節が競合阻害剤によっている例は少ないが，医薬品には競合阻害剤として働いて特定の代謝を抑制することで薬効を発揮しているものがある．

　タンパク質である酵素は，活性部位以外の部位でも様々な低分子化合物や金属イオンなどと相互作用することが可能である．そのような相互作用によって酵素活性に影響を与える物質を**アロステリック・エフェクター allosteric effector**と総称している（図 8.6）．アロステリック・エフェクターは，生理的な条件下で代謝経路の働きを調節する仕組みの中で重要な役割を果たしている．すなわち，必要十分な量の最終代謝物が得られた場合に代謝経路の流れを抑制する調節では，後述するように，最終代謝物がアロステリック・エフェクターとなって，代謝経路の初発段階を触媒する酵素を阻害していることが多い．

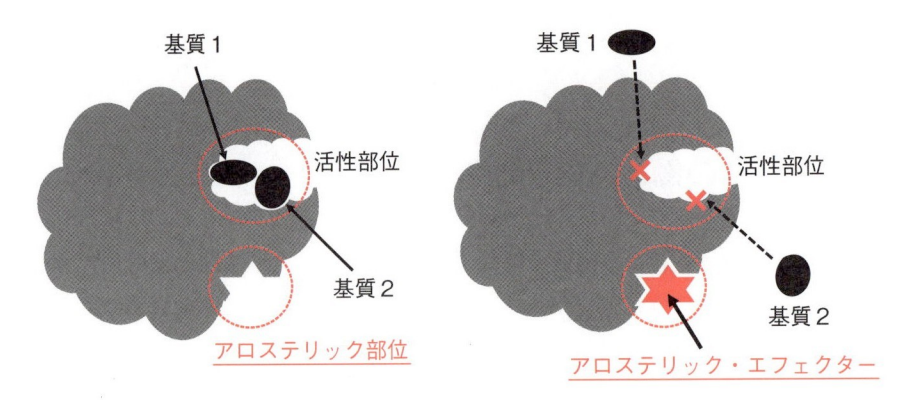

アロステリック・エフェクターなし　　アロステリック・エフェクターあり

図8.6　アロステリック・エフェクターの作用

アロステリック・エフェクターは，酵素の活性部位とは異なる場所にあるアロステリック部位と特異的に結合する．アロステリック・エフェクターがアロステリック部位に結合すると酵素の立体構造が少し変化し，それに伴う活性部位の構造変化によって基質が活性中心に結合できなくなる．

3）酵素タンパク質のリン酸化による調節

　ホルモンや神経によって細胞外から伝達される情報（☞ 第10章）への応答などに関わる生体内反応の調節が，酵素タンパク質のリン酸化によって行われることがある．この調節はタンパク質のリン酸化と脱リン酸化を触媒する特別な酵素（タンパク質キナーゼとフォスファターゼ）が関わり，インスリンとグルカゴンによる血糖の調節（☞ 第10章）に関わるグリコーゲンからグルコースを遊離す

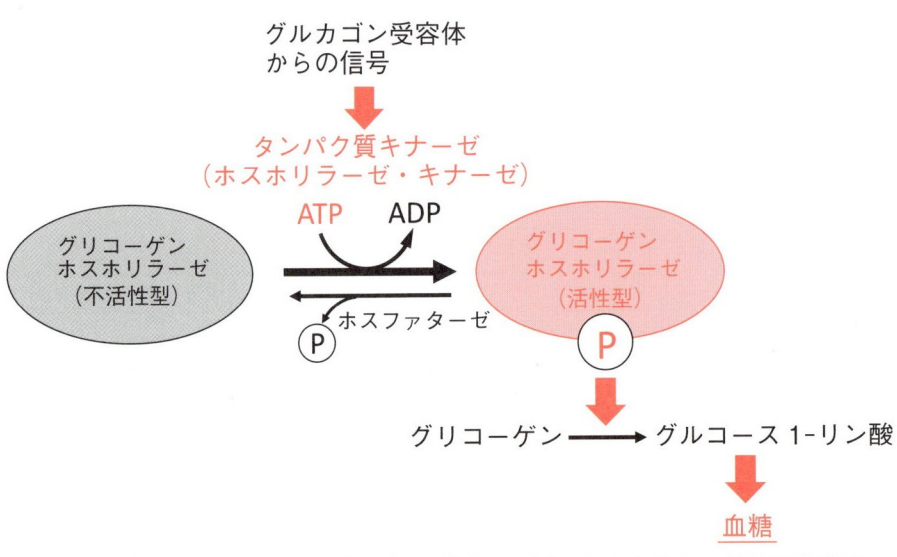

図8.7　タンパク質のリン酸化によるグリコーゲンホスホリラーゼの活性調節

グリコーゲンからグルコースを切り出して血糖を供給する反応を触媒するグリコーゲンホスホリラーゼは，タンパク質キナーゼによってリン酸化されることによって活性型となり，グリコーゲンからグルコースをグルコース 1-リン酸として切り出す反応を触媒する．

るグリコーゲンホスホリラーゼの調節（☞第9章）にその典型例が見られる
（図8.7）.

8.3.3　酵素の働きに必要な補因子

　酵素には，触媒活性を発揮する際に本体であるタンパク質の他に低分子化合物
や金属イオンなどの**補因子 cofactor**を必要とするものがある. 補因子には，触
媒反応の過程で酵素タンパク質への結合と解離を繰り返すものと，酵素分子の一
部となっているものがあり，前者を**補酵素 coenzyme**，後者を**補欠分子族
prosthetic group**と呼んでいる. しかし，この区別は厳密なものではなく，補
酵素に分類されている化合物（表8.1）が補欠分子族として酵素のタンパク質に
結合している場合も少なくない.

1）補酵素

　補酵素は，酸化還元，転移など同じ形式の反応を触媒する様々な酵素が，基質
から除去する（あるいは基質に付加する）原子や原子団を保持するために用いる
生体内物質である. 例えば，第9章で学ぶグルコースのエネルギー代謝に関わる
複数の酸化酵素は，基質から除かれる水素原子（厳密には水素イオンと電子）を
受け取る役割を持つ補酵素としてニコチンアミドアデニンジヌクレオチド
（NAD）を用いている. 補酵素には様々な化合物があり，それらの多くはB群
ビタミンを構成成分としている. 表8.1は，主な補酵素と関係する反応，および
構成成分となっているB群ビタミンをまとめたものである. なお，補酵素の構
造，化学的性質，および酵素反応における役割の詳細は，専門科目（☞**薬学教育
モデル・コアカリキュラム C6(2)⑥, (3)③，および(5)に準拠**）で学ぶことになる.

表8.1　主要な補酵素

補酵素名	関係する反応	構成成分となるビタミン
ニコチンアミドアデニン ジヌクレオチド（NAD）	酸化還元反応	ナイアシン
フラビンアデニン ジヌクレオチド（FAD）	酸化還元反応	リボフラビン（B_2）
補酵素A（CoA）	アシル基転移反応	パントテン酸
リポ酸	アシル基転移反応	リポ酸
チアミンピロリン酸	アシル基転移反応	チアミン（B_1）
ピリドキサールリン酸	アミノ基転移反応	ピリドキシン（B_6）
テトラヒドロ葉酸	1炭素単位転移反応	葉酸
ビオチン	カルボキシル基転移反応	ビオチン
アデノシルコバラミン	メチル基転移反応	コバラミン（B_{12}）

2）補欠分子族

補欠分子族は，酵素の活性に必須の構成要素として酵素タンパク質に結合している非タンパク質成分で，金属イオンと低分子化合物がある．金属イオンとしては，鉄（Fe），銅（Cu），亜鉛（Zn），マグネシウム（Mg），マンガン（Mn）などがあり，活性を示すために金属イオンを必要とする酵素を金属酵素という．低分子化合物としては，補酵素に分類されているものも多く，表8.1に示した転移反応に関わる補酵素は，補酵素A（CoA）を除いて，転移酵素の補欠分子族となっており，フラビンヌクレオチド類もフラビン酵素の補欠分子族になっている．補酵素ではない低分子化合物の補欠分子族では，ミトコンドリアにおける酸化的リン酸化反応（☞第9章）に関わるシトクロム類に含まれるヘム（鉄・ポルフィリン）[注4] が重要である．

注4）ヘムは，酸素の運搬や保持に関わるタンパク質であるヘモグロビンやミオグロビン（☞第4章）の補欠分子族としても重要である．

8.4　代謝経路の調節

代謝は，エネルギーの産生，生体構成成分の合成など，生命機能の維持に必要な目的に応じた様々な役割を持っている．したがって，代謝経路には，産生するエネルギーや合成する生体構成成分を必要十分な量に保つとともに，それらの過剰な産生を抑えて栄養源の浪費を防ぐための調節機能が備わっている．生体内で行われている化学変化の特徴を学んできた本章のまとめとして，代謝経路に備わっている調節機能に関する基本的な仕組み（図8.8）を取り上げる．

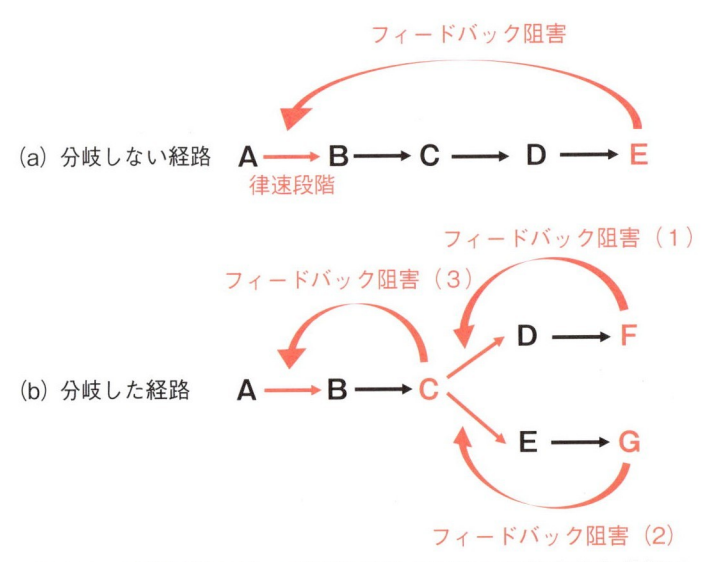

図8.8　代謝経路に沿って進む代謝を調節する基本的な仕組み

8.4.1　フィードバック制御という仕組み

　複数の素反応の連続で構成されている代謝経路による代謝全体の速さは，経路に含まれている最も遅い素反応である"律速段階"の速度によって決まる．したがって，代謝経路によって行われている代謝の速度を調節するには，律速段階の速度を適切に制御すればよい．代謝経路では，律速段階を経路の初発段階（図8.8 (a) のA→Bの反応）にすることで，不必要な中間体の蓄積を生じないようになっている場合が多い．したがって，代謝経路の流れを効率よく調節するには，最終代謝物（図8.8 (a) のE）が必要十分な量になっている場合には，その量を感知して代謝経路の初発段階（図8.8(a) のA→Bの反応）を抑制する仕組みがあればよい．このような形で代謝経路の最終代謝物の量によって，それより前の段階にある反応の速度を制御する仕組みを，**フィードバック制御 feedback regulation** と呼んでいる（図8.8 (a)）．代謝経路の調節に用いられるフィードバックの大部分は，最終代謝物が経路の前の段階にある反応速度を抑制する"負のフィードバック"である．

　分岐のある代謝経路（図8.8 (b)）で，2種の最終代謝物（FとG）のそれぞれを必要十分なレベルに保つためのフィードバック制御の仕組みは少し複雑になる．すなわち，図8.8 (b) の代謝経路では，2つある最終代謝物（FとG）の一方（F）が必要十分な量になったことで，初発段階であるA→Bの反応を抑制してしまうと，他方の最終代謝物（G）の不足を生じることもある．このような事態を避けるためには，最終代謝物であるFとGがフィードバック抑制する標的をそれぞれ，分岐後のC→Dの反応（フィードバック阻害 (1)）とC→Eの反応（フィードバック阻害 (2)）としておけばよい．しかし，これだけであれば，中間体Cが蓄積することになるので，Cの量によってA→Bの反応をフィードバック抑制する仕組み（フィードバック阻害 (3)）を持つことで，代謝経路全体の流れを目的に合わせて効率よく調節できる（図8.8 (b)）．このように，複数のフィードバック制御を組み合わせた仕組みによる調節が実際に機能していることは，多くの代謝経路で知られている．（☞それらについては**薬学教育モデル・コアカリキュラム C6(5)**に準拠した専門科目で学ぶ．）

8.4.2　フィードバック制御を行う機構

　フィードバック制御で律速段階の反応速度を抑制する方式には，酵素活性を阻害する**フィードバック阻害 feedback inhibition** と酵素量を減らすフィードバック抑制 feedback repression がある．しかし，後者は酵素タンパク質の分解が必要であり，抑制を解除するには酵素タンパク質の新たな合成（8.4.3項参照）が必要となるため，素早い制御を可逆的に行う目的には適していない．このため，

多くのフィードバック制御は最終代謝物による酵素の可逆的な阻害によって行われている．最終代謝物は，律速段階を触媒する酵素の基質とは化学構造が異なることが一般的であり，アロステリック・エフェクター（図 8.6）となって酵素を阻害するので，阻害の形式は**アロステリック阻害 allosteric inhibition** ということになる[注5]．

　アロステリック阻害によるフィードバック制御の仕組みを，図 8.8（a）の代謝経路を例にして，具体的に考えてみよう．この経路の律速段階である A → B の反応を触媒する酵素 1 には，フィードバック制御に対応して経路の最終代謝物 E と特異的に結合する**アロステリック部位 allosteric site** を持っており，この部位に最終代謝物 E が結合すると活性部位に基質 A が結合できなくなる（図 8.9，挿入図）．この酵素 1 のアロステリック部位に対する最終代謝物 E の結合は可逆的であり，アロステリック部位に E が結合している［酵素 1・E］の割合（すなわち，不活性型酵素 1 の割合）は，最終代謝物 E の濃度に応じて変化する（図 8.9）．したがって，酵素 1 のアロステリック部位に対する最終代謝物 E の親和力がこの化合物の必要十分な量に対応するものになっていれば，E の量に応じて代謝経路の律速段階を触媒する活性型の酵素 1 の量が変化し，反応経路全体の反応速度は最終代謝物 E の必要十分な量を維持するように自律的に調節されることになる．

注 5）アロステリック・エフェクターによる調節には，ここで取り上げるアロステリック阻害の他に，アロステリック活性化も知られている．（☞ これらを含めた，アロステリック調節に関する詳細は，薬学教育モデル・コアカリキュラム C6(3)③に準拠した専門科目で学ぶ．）

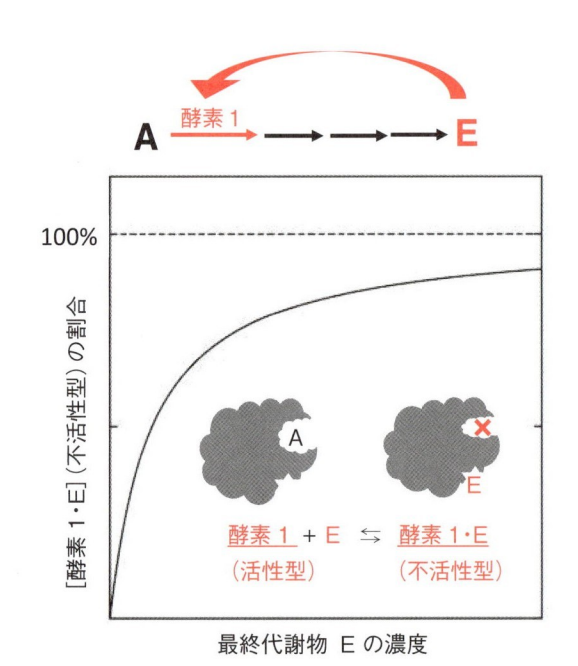

図 8.9　酵素 1 のアロステリック部位への最終代謝物 E の結合割合を示す理論グラフとアロステリック部位への E の結合による酵素 1 の構造変化（挿入図）

酵素 1 をアロステリック阻害する最終代謝物 E は，酵素 1 のアロステリック部位に，図中の平衡式に従って結合し，E の濃度に依存して酵素 1 の不活性型の割合が増える．これによって，最終代謝物が増えると酵素 1 の活性が低下し E の過剰な産生が抑制される．

8.4.3　酵素誘導

　動物は，飢餓など異常な状態に陥った場合には，生命を維持するために必要な
エネルギーなどを確保するため，通常はほとんど使っていない代謝系を働かせる.
また，これとは逆の飽食状態になると，余剰のエネルギー源を体内に蓄積するた
めの代謝が活発になる（☞ <u>薬学教育モデル・コアカリキュラム C6（5）④</u>）．このよ
うに，普段はほとんど働いていない代謝を活発に行うことが必要になる場合には，
生物はその代謝に関わる酵素の量を増やして対応する．このような対応は**酵素誘
導 enzyme induction** と呼ばれ，対象となる酵素をコードしている遺伝子の発
現（☞ 第5章）を様々な仕組みを使って促して酵素タンパク質を合成し，酵素
量を増やしている．このような形で，必要な場合にだけ発現するように調整され
る酵素は**誘導酵素 inducible enzyme** と呼ばれ，定常的な生命機能の維持に必
須ではない様々な酵素がこれに相当する．医薬品，食品添加物などを含む様々な
異物を処理する代謝を行い，医薬品の有効性や安全性に重要な関わりを持ってい
る**薬物代謝酵素 drug-metabolizing enzyme**（☞ <u>薬学教育モデル・コアカリキュ
ラム E4(1)④</u>に準拠した<u>医療薬学専門科目で学ぶ</u>）も典型的な誘導酵素である.

8.5　まとめ

① 生体内で進む化学変化である代謝は，多くの場合，多数の素反応が連続する
　代謝経路によって行われており，代謝経路を構成する素反応は，それぞれの
　反応に対して特異的な酵素によって制御されている.

② 酵素は，基質特異性と反応特異性を併せ持っており，素反応の基質を決まっ
　た生成物にのみ変換することによって分岐を含めた代謝経路を構築するとと
　もに，代謝経路の律速段階を触媒する酵素の活性によって代謝速度を制御し
　ている.

③ 酵素の活性は，基質濃度，競合阻害剤やアロステリック・エフェクターの有
　無，酵素タンパク質のリン酸化などで調節されるので，代謝速度はそれらの
　要因によって制御される.

④ 代謝速度は，それぞれの代謝経路が目的としている最終代謝物を必要十分な
　量に保つことができるように調節されており，その基本的な仕組みは最終代
　謝物の濃度によって代謝経路の速度を抑制するフィードバック制御である.

⑤ フィードバック制御によって代謝経路の速度を調節する仕組みの基本は，代
　謝経路の最終代謝物がアロステリック・エフェクターとなって代謝経路の律
　速段階を触媒する酵素の活性を濃度依存的に抑制することである.

⑥ 普段はほとんど働いていない代謝を活発に行うことが必要になる場合には，その代謝に関わる酵素の遺伝子を発現させて酵素量を増やす酵素誘導で対応する．

⑦ 酵素には，活性発現に補酵素や金属イオンを補因子とするものがあり，補酵素はB群ビタミンを構成要素としている．

第 9 章

生命活動に必要なエネルギーを得る仕組み

　生物個体が生きていくためには，生命活動を行うためのエネルギーが必要である．本章では，動物が生命活動に必要なエネルギーを得る仕組みを理解するための基礎的な事項を学ぶ．また，これらの学習を通して，前章で学んだ代謝経路の意義をより具体的なものにする．

9.1　生命活動の根源は太陽光エネルギー

　動物が生命活動を続けるためには摂食行動が不可欠であるが，緑色植物は摂食行動を必要としない．これは，緑色植物が光合成によってエネルギー源となる糖質を産生する能力を持つためであり，動物が摂食する究極の対象は緑色植物が産生した糖質である．生物は，エネルギー源を自ら産生できる独立栄養生物 autotroph とエネルギー源を他の生物から得ている従属栄養生物 heterotroph に二分され[注1]，動物は後者に属している．

　独立栄養生物である緑色植物は，二酸化炭素と水からグルコースを合成し，生命活動には自らが合成したグルコースを酸化分解する際に遊離されるエネルギーを用いている．吸エルゴン反応であるグルコースの合成を行うためには外部からのエネルギー供給が必要で，緑色植物はこのエネルギーを太陽光から得ており，吸エルゴン反応でグルコースに蓄積した太陽光エネルギーを，逆向きの発エルゴン反応で取り出して生命活動を行っている（図9.1）．一方，動物を含む従属生物の大部分は，緑色植物が産生したグルコースを摂取し，図9.1の発エルゴン反応のみを行って生命活動を行っている．

　このように，地球上の生物は生命活動のエネルギーを太陽光のエネルギーに依存しており，（二酸化炭素＋水）と（グルコース＋酸素）という物質の組み合わせを循環させることよって，太陽光のエネルギーを生命活動に利用できる化学エネルギーとするシステムを作り上げている（図9.1）．したがって，生命活動に必要なエネルギーを得る仕組みの基盤は緑色植物が行っている光合成にある[注2]．

注1）独立栄養生物と従属栄養生物に関しては，生物学的に厳密な定義がなされているが，本書ではそれらについての説明は割愛する．興味があれば，適切な生物学のテキストや参考書で学んで欲しい．

注2）義務教育の理科では，光合成の第一の意義を「水と二酸化炭素から酸素を作り出すこと」と教えている場合が多い．これは，生命進化の過程で光合成細菌が地球の大気中に酸素を蓄積したことが多様な陸生生物が発展する原動力になったことと，現在の陸生生物の生存を支える大気中の酸素が，緑色植物の光合成によって供給されていることの重要さへの理解を促すことを目指す説明である．しかし，光合成の生物学的な意義は太陽光のエネルギーをグルコースの化学エネルギーに変えることであり，酸素はその際に生じる副産物である．

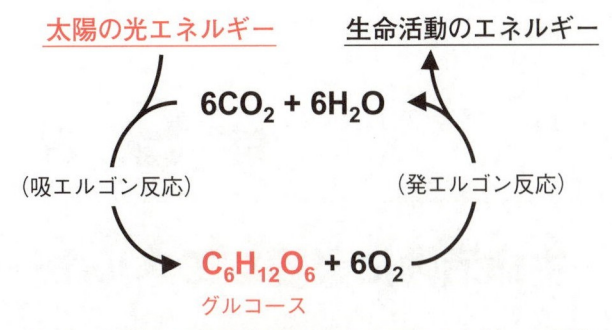

図 9.1　地球上での生命活動を支えるエネルギーの循環

しかし，薬学の基礎となるヒトを含む動物の生命活動の化学的な仕組みを理解することを目指す本書では光合成は割愛し，すべての生物の基本的なエネルギー源となるグルコースが持つエネルギーを生命活動に利用する仕組みを取り上げる．光合成について関心がある場合は，適当な生物学のテキストや参考書で学んで欲しい．

9.2　生命活動を進める化学エネルギー：ATP

　生命活動を進めるエネルギーは化学エネルギーであり，地球上のすべての生物において生命活動に関わるエネルギーの流れを支配している化合物は **ATP**（**アデノシン三リン酸 adenosine triphosphate**）である．ATP はアデノシンに 3 つのリン酸が結合した化合物であり，2 つのリン酸が結合したものは **ADP**（**アデノシン二リン酸 adenosine diphosphate**），1 つのリン酸が結合したものは **AMP**（**アデノシン一リン酸 adenosine monophosphate**）という（図 9.2（a））．ATP と ADP でリン酸同士を結びつけている結合は，加水分解に伴って大きなエネルギーが遊離される **高エネルギーリン酸結合** であり，ATP を ADP に加水分解すると 1 モル当たり約 7.2 kcal のエネルギーが放出され，ADP をリン酸化して ATP とする反応では同じ量のエネルギーが吸収される（図 9.2（b））．

　次項以降で学ぶように，生物はグルコースを二酸化炭素と水に酸化する反応を，多数の素反応で構成する代謝経路によって行い，複数の素反応を ADP を ATP とする反応に共役させることで，グルコースの酸化分解で遊離されるエネルギーを多数の ATP に分割して蓄積している．このようにして ATP に蓄積した化学エネルギーは，ATP を ADP に分解する反応を共役させることで，エネルギーを消費する生命活動に必要な化学変化を進めるために利用している（図 9.2（c））．このように ATP は，エネルギー源であるグルコースの酸化分解で放出されるエネルギーを化学エネルギーとして蓄え，エネルギーを必要とする様々な化学反応に広くエネルギーを供給する，生体内における "エネルギーの通貨" としての役

割を果たしている.

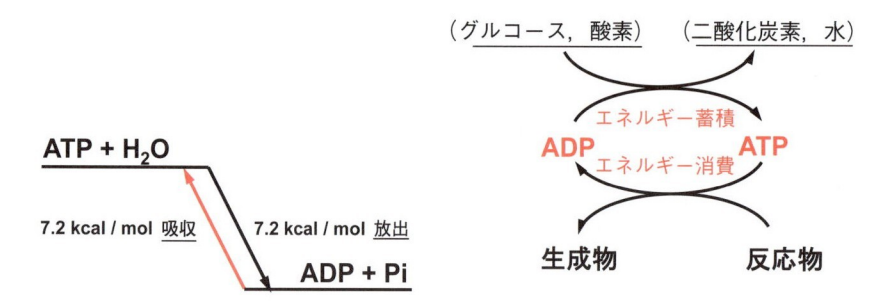

（a）アデノシン三リン酸（ATP）の構造と高エネルギーリン酸結合

（b）ATP が行うエネルギーの吸収と放出　（c）生命におけるエネルギーの通過と
　　　　　　　　　　　　　　　　　　　　　しての ATP の役割

図 9.2　生命活動におけるエネルギーの通貨として働く ATP

9.3　グルコース酸化で遊離されるエネルギーを ATP に蓄積する仕組み

　グルコースの酸化は, $C_6H_{12}O_6 + 6O_2 \rightarrow 6CO_2 + 6H_2O$ という化学反応式で表される. この反応式に従ってグルコースと酸素分子を直接反応させると, グルコースの燃焼が起こり ATP は蓄積できない. 生物は, グルコースの酸化分解で遊離されるエネルギーを ATP に蓄積するため, グルコースの酸化を次の 3 つの過程に分けて行い, それらを合わせることで, $C_6H_{12}O_6 + 6O_2 \rightarrow 6CO_2 + 6H_2O$ を完結させている.

① $C_6H_{12}O_6 \rightarrow 2C_3H_4O_3 + \underline{4H}$（グルコースのピルビン酸 $C_3H_4O_3$ への変換と脱水素）

② $2C_3H_4O_3 + 6H_2O \rightarrow 6CO_2 + \underline{20H}$（ピルビン酸の CO_2 への変換と脱水素）

③ $\underline{24H} + 6O_2 \rightarrow 12H_2O$（脱水素した水素の酸化）

① ＋ ② ＋ ③ ＝ $C_6H_{12}O_6 + 6O_2 \rightarrow 6CO_2 + 6H_2O$

生物が 3 つの過程に分けて行っているグルコースの酸化で注目すべき点は, 酸化を**脱水素反応 dehydrogenation** で行い, ①, ② の過程で脱水素した水素を, ③ の過程で一括して酸素と反応させて水に変えていることである. 後の項目で

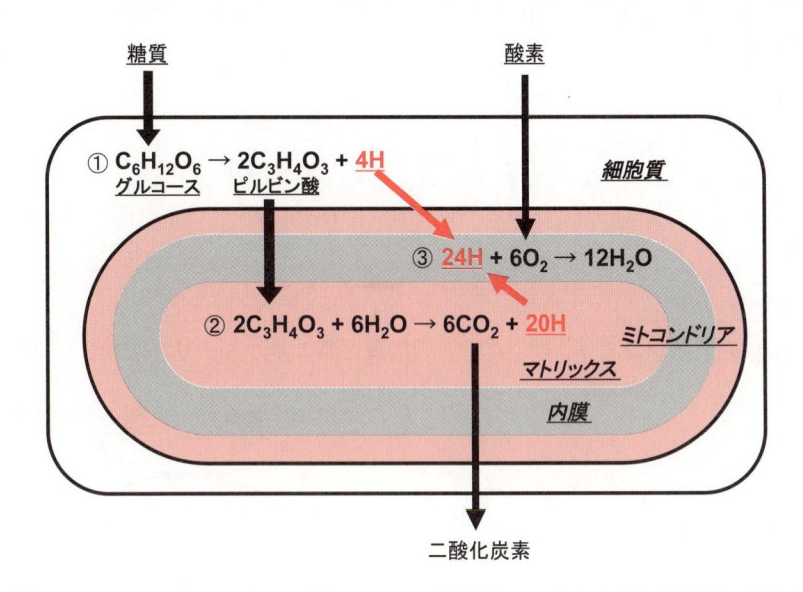

図 9.3　グルコースの酸化に関わる 3 つの過程とそれらを行う細胞内の区画

　学ぶように，ATP へのエネルギー蓄積の大部分は ③ の過程で行われており，グルコースの酸化を 3 つの過程に分けて行うことが遊離されるエネルギーを ATP に蓄積する重要な仕組みとなっている．また，これら 3 つの過程は，細胞内の異なる区画（① の過程は細胞質，② の過程はミトコンドリアのマトリックス，③ の過程はミトコンドリアの内膜上）で行われている（図 9.3）．

9.3.1　解糖系

　グルコースを 2 分子のピルビン酸に代謝する ① の過程を**解糖 glycolysis** と呼び，それに関わる代謝経路を**解糖系 glycolytic pathway** という．解糖系は，9 段階（厳密には 9 段階 + 1 段階の 10 段階）の素反応で構成される代謝経路で，その概要は図 9.4（a）のようになっている．この代謝経路の化学的な仕組みや関与する酵素に関する詳しい知識は，専門科目[注3]で学ぶので，ここでは，図 9.4（a）の代謝経路による正味の化学変化が，図の赤字で示すように $C_6H_{12}O_6 \rightarrow 2C_3H_4O_3 + 4H$ であることと，脱水素された水素を補酵素の NAD（☞ 第 8 章，表 8.1）が受け取っている（$NAD^+ + \underline{2H} \rightarrow NAD\underline{H} + \underline{H}^+$）ことを確認し，図 9.4（a）について以下の要点を理解しておけばよい．

　解糖系は，グルコースをフルクトース 1,6-ジリン酸に代謝する前半（炭素 6 個の化合物の代謝）と，フルクトース 1,6-ジリン酸の開裂によって生じるグリセルアルデヒド 3-リン酸をピルビン酸に代謝する後半（炭素 3 個の化合物の代謝）に分けて考える．解糖系の前半の目的は，グルコースをリン酸化反応と異性化反応によって，分子の両端にリン酸基を持つフルクトース 1,6-ジリン酸に変換することである．このようにして生じたフルクトース 1,6-ジリン酸（炭素 6 個の化合

注3）解糖系についての詳細な知識は，**薬学教育モデル・コアカリキュラム C6 (5)② 1** に準拠した専門科目で学ぶ．

注4）フルクトース 1,6-ジリン酸の開裂で直接生じる化合物は，グリセルアルデヒド 3-リン酸とジヒドロキシアセトンリン酸であるが，後者は異性反応でグリセルアルデヒド 3-リン酸に変わり，結果的に 2 分子のグリセルアルデヒド 3-リン酸となる．

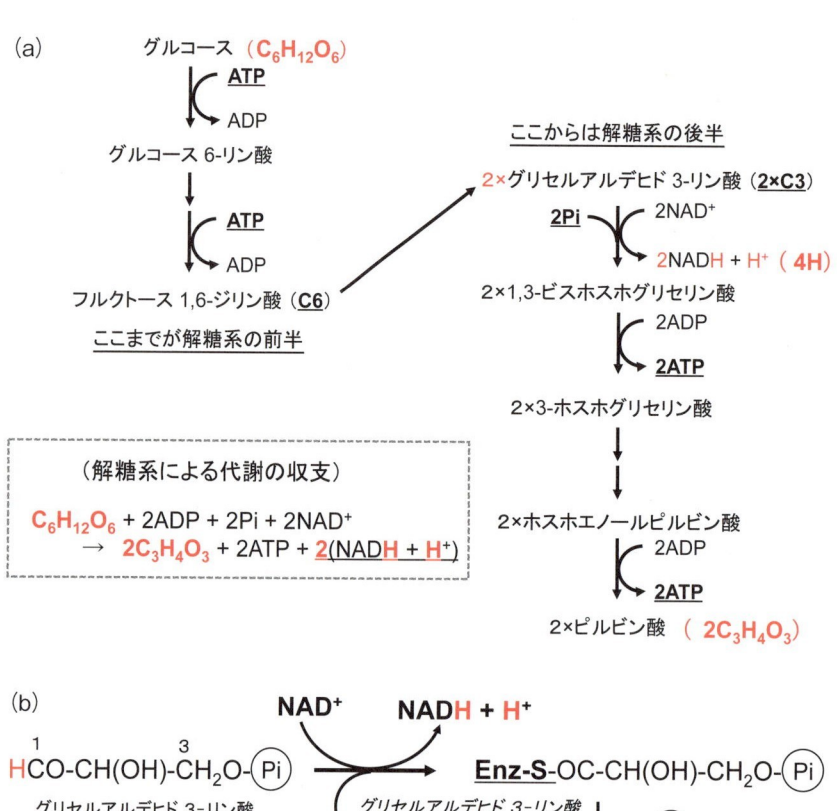

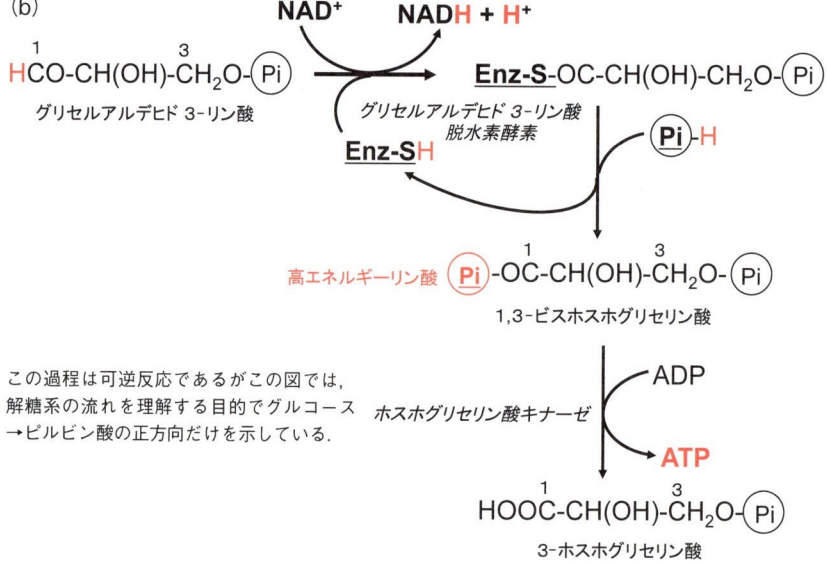

図 9.4　解糖系の概要（a）とグリセルアルデヒド 3-リン酸の酸化エネルギーを ATP に蓄える仕組み（b）

物）は，分子の中央で切断されて，2 分子のグリセルアルデヒド 3-リン酸（炭素 3 個の化合物）になる[注4]．解糖系の後半の目的は，アルデヒドをカルボン酸（3-ホスホグリセリン酸）に酸化する際に遊離されるエネルギーを ATP に蓄えること（図 9.4（b），コラム記事）と，ホスホエノールピルビン酸をピルビン酸に代謝して ATP を生じる**基質レベルのリン酸化**[注5]によって，前半でグルコースを活性化するために消費した ATP を回収することにある．

注5）ホスホエノールピルビン酸のリン酸基を ADP に移して ATP を生じる反応は，基質のリン酸基で ADP をリン酸化して ATP を生成することから，"基質レベル" のリン酸化という（図 9.4（b）参照）．

　解糖系はグルコースを部分的に酸化分解してピルビン酸とする代謝であり，酸化反応で遊離されるエネルギーを ATP（グルコース 1 モルから 2 モル）に蓄えている．解糖系はこの目的を達成するために 9 段階の素反応で構成される代謝経路を構築しており，前章で学んだ代謝経路の意義がわかる例でもある．

［コラム］

**　グリセルアルデヒド 3-リン酸の酸化エネルギーを ATP に蓄える仕組み：グリセルアルデヒド 3-リン酸脱水素酵素とホスホグリセリン酸キナーゼが触媒する反応（図 9.4（b））**

　グリセルアルデヒド 3-リン酸脱水素酵素は，グリセルアルデヒド 3-リン酸を，NAD を水素受容体とする脱水素反応で酸化してグリセリン酸 3-リン酸とし，酵素の活性中心にあるチオール基（図 9.4（b）の Enz-SH）にチオエステル結合で保持する．次いで，酵素の活性中心に結合したグリセリン酸 3-リン酸が無機リン酸（Pi）と反応して 1,3-ビスホスホグリセリン酸となって遊離し，酵素のチオール基が復元される．このようにして生成された 1,3-ビスホスホグリセリン酸の 1 位のリン酸は，酸無水物結合した高エネルギーリン酸であり，ホスホグリセリン酸キナーゼの触媒によって ADP に転移して基質レベルのリン酸化による ATP を生成する．この一連の反応は，アルデヒドのカルボン酸への酸化で遊離されるエネルギーを熱ではなく化学エネルギーとして ATP に蓄積している生体内反応の仕組みの典型例である．

9.3.2　発　酵

　酸素を使わず，グルコースを乳酸やエタノールなどに代謝する過程を**発酵**という．発酵は，解糖過程の脱水素反応で生じた（NADH + H⁺）でピルビン酸を還元して乳酸とする**乳酸発酵**と，ピルビン酸を脱炭酸したアセトアルデヒドを（NADH + H⁺）で還元してエタノールに変える**アルコール発酵**などがある[注6]．発酵の役割は，酸素が欠乏した環境で解糖系だけを使って生命活動に必要な ATP を得るため，脱水素反応に必要な補酵素である NAD⁺ を回収することにある（図 9.5）．発酵で ATP を得ている細胞や組織では，発酵の最終産物である乳酸やエタノールが蓄積する．

9.3.3　ピルビン酸のアセチル CoA への変換

　解糖で生じた炭素 3 個の化合物であるピルビン酸は，細胞質からミトコンドリアに輸送されて酸化的脱炭酸反応を受け，**アセチル CoA acetyl-CoA** となる．アセチル CoA は，**補酵素 A（CoA）**によって活性化された酢酸で，グルコースからのエネルギー代謝と脂質，アミノ酸の代謝を結びつける代謝経路の重要な中間体（☞ 第 8 章，図 8.1）である．

注6）乳酸発酵は動物に一般的な発酵であり，激しい運動を行っている筋肉で血液からの酸素の供給が間に合わない場合に行われる．アルコール発酵は酵母などの真菌類に見られ，微生物にはそれら以外の代謝物を生じる発酵もある．

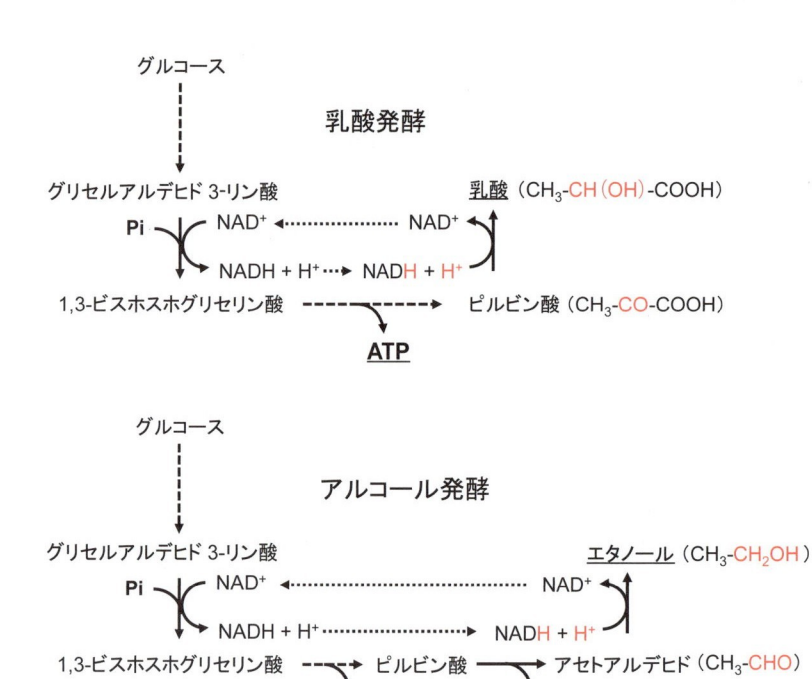

図 9.5　発酵の概要

　ピルビン酸のアセチル CoA への変換は，ピルビン酸脱水素酵素複合体によって触媒される（図 9.6）．この反応には，脱水素された水素を受け取る NAD^+ とアセチル基を活性化する補酵素 A が関わる他，補欠分子族として，B 群ビタミンに由来するリポ酸，チアミンピロリン酸（TPP，活性型ビタミン B_1），および FAD と，マグネシウム・イオンが関与している．これらの補酵素やビタミン類の化学構造，反応への関与と反応機構などに関する詳しい知識は専門科目（☞ 薬学教育モデル・コアカリキュラム C6(5)② に準拠）で学ぶので，この段階では，① グルコースに由来するピルビン酸の 3 つの炭素の 1 つがこの段階で二酸化炭素に酸化されていること，② 残り 2 つの炭素が酢酸となり，補酵素 A で活性化されたアセチル CoA になっていること，および ③ この反応にビタミン B_1 やリポ酸などのビタミンが関わっていることを理解しておく．

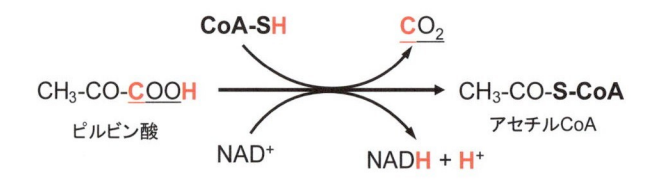

ピルビン酸脱水素酵素複合体
（TPP, リボ酸, FAD を含む）

図 9.6　ピルビン酸の酸化的脱炭酸反応

9.3.4 TCA回路

注7）"トリカルボン酸回路"，"クエン酸回路"という名称は，代謝経路の最初の反応でアセチル CoA とオキサロ酢酸から生じる代謝物であるクエン酸がトリカルボン酸であることに由来する．

ピルビン酸の酸化的脱炭酸反応で生じたアセチル CoA は，**TCA 回路 tricarboxylic acid cycle**（トリカルボン酸回路，クエン酸回路）[注7] と呼ばれる循環代謝経路（図 9.7）によって代謝され，グルコースに由来するアセチル基の炭素が 2 分子の二酸化炭素となる．TCA 回路の各段階を触媒する酵素の性質や反応機構に関する詳しい知識は専門科目（☞ **薬学教育モデル・コアカリキュラム C6(5)②に準拠**）で学ぶので，ここでは，図 9.7 に示した代謝経路について次の諸点を理解しておく．

すなわち，ピルビン酸の酸化的脱炭酸と TCA 回路を合わせた図 9.7 の代謝経路の収支（赤字で示されている正味の反応物と生成物）が，図 9.2 の ② の反応式の 1/2 に対応する $C_3H_4O_3 + 3H_2O \rightarrow 3CO_2 + 10H$ に一致し，脱水素された水素（H）は，補酵素である NAD と FAD が（$NAD^+ + 2H \rightarrow NAD\underline{H} + \underline{H}^+$）および（$FAD + 2H \rightarrow FAD\underline{H}_2$）という反応で受け取っている．水素を受け取った補酵素は，次項で学ぶ仕組みによって NAD^+ および FAD に戻るので，触媒量の補酵素があれば反応は継続する．これと同様に，アセチル CoA およびスクシニル CoA として，カルボン酸の活性化に使われる補酵素 A（CoA）も次の段階に進む反応で遊離されるので，触媒量があれば反応を継続できる．

TCA 回路は，炭素 4 個のオキサロ酢酸と炭素 2 個の酢酸（アセチル CoA と

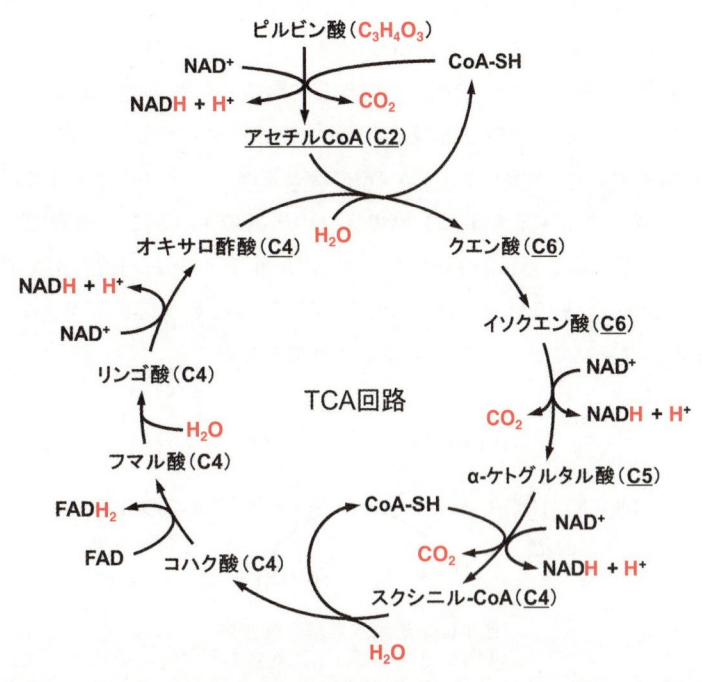

反応の収支：$C_3H_4O_3 + 3H_2O + 4NAD^+ + FAD \longrightarrow 3CO_2 + 4(NADH+H^+) + FADH_2$

図 9.7　酸化的脱炭酸反応と TCA 回路によるピルビン酸の酸化

して活性化されている）から炭素 6 個のクエン酸を作り，以後の代謝経路で 2 回の脱炭酸を行ってオキサロ酢酸を再生する代謝（C4 + <u>C2</u> → C6 → <u>2C</u> + C4）を繰り返すことで，酢酸の 2 個の炭素を 2 分子の二酸化炭素とする仕組みになっている．このため，触媒量のオキサロ酢酸があれば，この反応経路によってピルビン酸の 3 つの炭素を 3 分子の二酸化炭素に変える代謝を連続して行うことができる．

　このように，酸化的脱炭酸反応と TCA 回路によるピルビン酸の酸化（図 9.7）は，グルコースを酸化する代謝経路における 2 番目の過程である $2C_3H_4O_3 + 6H_2O \rightarrow 6CO_2 + 20H$ という反応に対応しており，図 9.7 の代謝経路は 5 つの脱水素反応を順次進めることによってこれを実現している．なお，前章の図 8.1 にあるように，アセチル CoA や TCA 回路の中間体は，脂肪酸やアミノ酸の代謝物の処理に関わる他，様々な生体内物質の素材を供給する役割も持っている．これらについては，専門科目（☞ **薬学教育モデル・コアカリキュラム C6(5)② に準拠**）で学ぶ．

9.3.5　呼吸鎖電子伝達系

　グルコースの酸化代謝系を構成する最後の過程は，脱水素された水素を酸素によって酸化して水に変える反応（$24H + 6O_2 \rightarrow 12H_2O$）（図 9.3 の③）である．化学的に見れば，この反応は水素の燃焼反応（$H_2 + 1/2O_2 \rightarrow H_2O$）と等価であるが，生体内で水素と酸素が直接反応して熱エネルギーを放出するような化学変化が行われてはいない．

　前項までに学んだように，解糖系から TCA 回路に至る代謝の過程で脱水素された水素は，補酵素である NAD あるいは FAD が受け取り，$NADH + H^+$ あるいは $FADH_2$ となっている．これら，補酵素が保持している 2 つの水素（NAD<u>H</u> + H$^+$，または FAD<u>H$_2$</u>）は，水素イオンと電子に分離（$2H \rightarrow 2H^+ + 2e^-$）され，電子（$e^-$）がミトコンドリアの内膜（☞ 第 2 章）にある 呼吸鎖 respiratory chain と呼ばれる 電子伝達系（図 9.8 (a)）の働きによって酸素分子を酸素イオン（O^{2-}）に還元する（$1/2O_2 + 2e^- \rightarrow O^{2-}$）．ここで生じた O^{2-} は溶媒中のプロトンと結合すると水を生成するが，溶媒中のプロトンは $NADH + H^+$（または $FADH_2$）から解離した $2H^+$ と等価であるので，この反応過程は，NAD<u>H</u> + <u>H</u>$^+$（または FAD<u>H$_2$</u>）+ $1/2O_2 \rightarrow NAD^+$（または FAD）+ <u>H</u>$_2$O ということになり，グルコースの酸化代謝系を構成する最後の過程である $24H + 6O_2 \rightarrow 12H_2O$ が実現されている．

　呼吸鎖電子伝達系は，ミトコンドリアの内膜に埋め込まれた複数の電子伝達タンパク質複合体（**複合体 I ～ IV**）とベンゾキノン誘導体である **補酵素 Q（ユビキノン）** で構成され，主体となっているものは シトクロム cytochrome と呼ばれるヘムタンパク質（図 9.8 の cyt. *a*, *a$_3$*, *b*, *c*, *c$_1$*）[注8] である．呼吸鎖は，NAD<u>H</u> +

注8）シトクロムは，補欠分子族（☞ 8.3.3）としてヘムを含むタンパク質で，ヘムが持つ鉄イオンの Fe^{2+} と Fe^{3+} の変化によって電子を伝達する機能を持ち，呼吸鎖の順に酸化還元電位が下がって行く．

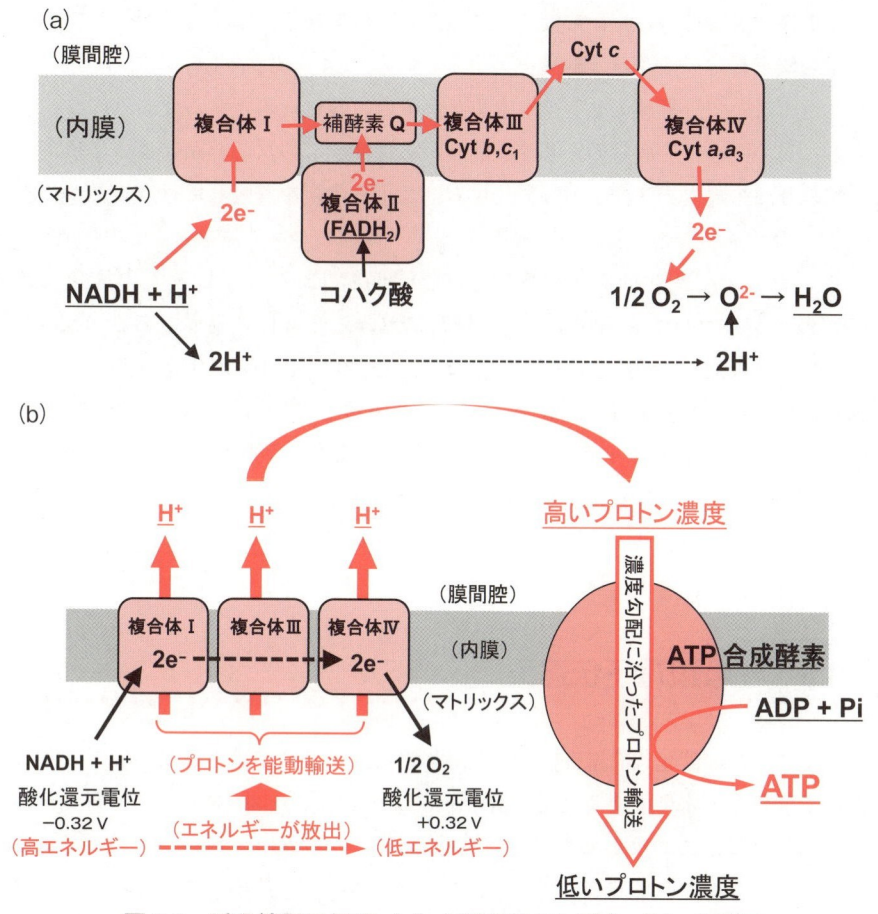

図 9.8　呼吸鎖電子伝達（a）と酸化的リン酸化（b）の概要

$\underline{H}^+$（または $FAD\underline{H}_2$）から受け取った酸化還元電位が低い（エネルギーレベルが高い）電子を，複合体を順次伝達しつつ酸化還元電位を上げ（エネルギーレベルを下げ）て行き，最終的に酸化還元電位が高い（エネルギーレベルが低い）酸素に伝達している．これらについての詳しい知識は専門科目（☞ **薬学教育モデル・コアカリキュラム C6(5)②3 に準拠**）で学ぶので，ここでは呼吸鎖電子伝達系が $NAD\underline{H} + \underline{H}^+$（または $FAD\underline{H}_2$）が持つ電子のエネルギーを段階的に下げて酸素に伝達する仕組みであることを理解しておく．

9.3.6　酸化的リン酸化

　呼吸鎖電子伝達系で $NADH + H^+$（または $FADH_2$）に由来する電子を酸素に伝達するとエネルギーレベルが低下する．**酸化的リン酸化 oxidative phosphorylation** は，この過程で遊離されるエネルギーを ADP のリン酸化反応に共役させて ATP に保存する仕組みで，グルコースの酸化に伴って蓄積される ATP の大部分がこの仕組みで生成される．

　酸化的リン酸化は図 9.8（b）のような 2 つの仕組みによって成り立っていると考えられている．第一の仕組みは，NADH + H$^+$ や FADH$_2$ からの電子が電子伝達複合体を伝達される過程で遊離されるエネルギーを使ってプロトン（H$^+$）をマトリックスから膜間腔に能動輸送し，内膜を隔てたプロトンの濃度勾配を作るものである．第二の仕組みは，第一の仕組みで作られたプロトンの濃度勾配を解消する（膜間腔からマトリックスにプロトンを流入させる）際のエネルギーを使って，ADP とリン酸（Pi）から ATP を合成する仕組み（ATP 合成酵素）である．これら 2 つの仕組みが共役することで生成される ATP の量はミトコンドリア内膜の状態によって一定ではなく，NADH + H$^+$ からの電子伝達では，2 ～ 3（平均 2.5）分子，コハク酸から FADH$_2$ を経由する電子伝達では 1 ～ 2（平均 1.5）分子と推定されている[注9]．

　これらに基づいて，グルコースの酸化に伴う酸化的リン酸化によって蓄積される ATP の平均値を考えてみよう．1 分子のグルコースの代謝で生じる（NADH + H$^+$）は，解糖系（図 9.4（a））で 2 分子，ピルビン酸の酸化（図 9.7）で 8 分子（4 分子 × 2）の合計 10 分子となる．（NADH + H$^+$）からの酸化的リン酸化による ATP 生成数が平均 2.5 分子であることから，グルコース 1 分子当たりでは，平均で 25 分子の ATP が蓄積されることになる．TCA 回路ではこの他に，コハク酸から FADH$_2$ を経由する電子伝達によって平均 1.5 分子の ATP を生じるので，グルコースの酸化では平均 3 分子の ATP が蓄積できると考えられる．したがって，グルコース 1 分子から，酸化的リン酸化で蓄積される ATP は平均 28 分子程度[注9] であると推定される．

9.3.7　グルコースの酸化で蓄積される ATP

　グルコース 1 分子が，上で検討した代謝経路で二酸化炭素と水に酸化される過程で蓄積される ATP の総量を考えてみよう．グルコースの酸化で ATP を生じる機構には，基質レベルのリン酸化と酸化的リン酸化の二様式がある．

　基質レベルのリン酸化としては，解糖系においてグルコース 1 分子から 2 分子の ATP が生じる過程がある（図 9.4（a））．また，TCA 回路におけるスクシニル CoA を加水分解してコハク酸に変える反応（図 9.7）は発エルゴン反応で，基質レベルのリン酸化を行ってグルコース 1 分子からは 2 分子の ATP が産生されるので，解糖系と合わせて基質レベルのリン酸化ではグルコース 1 分子から 4 分子の ATP が蓄積される．

　一方，酸化的リン酸化では，前項で学んだように，グルコース 1 分子から平均 28 分子（理論的最大値は 34 分子）の ATP が蓄積できる．したがって，酸素を使ったエネルギー代謝（好気的エネルギー代謝）によって 1 分子のグルコースから得られる ATP は，基質レベルのリン酸化の 4 分子を合わせて，32 分子（理論的最大値は 38 分子）ということになる．これに対して，酸素がない（嫌気的

注 9）酸化的リン酸化で生成する ATP は，酸化還元電位に基づく理論値としては，（NADH + H$^+$）からは 1 分子（電子 2 個）当たり 3 分子，FADH$_2$ からは同じく 2 分子とされていたが，実測値では前者では 2 ～ 3 分子，後者では 1 ～ 2 分子であることが明らかになり，現在では平均値としての 2.5 分子，1.5 分子を用いることが推奨されている．ただし，解糖系で生じた 2 分子の（NADH + H$^+$）は直接ミトコンドリアの呼吸鎖で酸化できず，ミトコンドリアへの輸送にはシャトル機構が使われるため，この 2 分子の（NADH + H$^+$）から ATP が 3 分子しか得られない場合もあるとされているので，得られる ATP を 26 ～ 28 分子とする場合もある．なお，理論値に基づくグルコース 1 分子から酸化的リン酸化で得られる ATP の最大量は 34 分子となる．

な）条件で行うエネルギー代謝である発酵で 1 分子のグルコースから得られる ATP は，解糖系における基質レベルのリン酸化による 2 分子だけである．このように，好気的エネルギー代謝（呼吸）は嫌気的エネルギー代謝（発酵）に比べて，平均で 16 倍（32：2）も効率が良い．

9.4　糖質の消化吸収とグルコースの貯蔵

　動物は，様々な栄養物を食物として摂取するが，エネルギー源として最も重要なものは緑色植物が光合成したグルコースを貯蔵エネルギー物質としたデンプンである．動物は，食物として摂取したデンプンなどの糖質を消化，吸収してエネルギー源としている．

9.4.1　デンプンの消化と吸収

　デンプンはグルコースの重合体で，アミロースとアミロペクチンの混合物（☞ 第 7 章）である．動物は，食餌として摂取したデンプンを，アミラーゼや α-グルコシダーゼなどの消化酵素によってグルコースに分解する．消化で生じたグルコースは，小腸で吸収されて門脈を経て肝臓に入り，循環血に移行して**血糖**となる．

9.4.2　グルコースを貯蔵する仕組み～グリコーゲンの合成と分解

　血糖は，動物が備えている恒常性維持機能（ホメオスタシス）（☞ 第 10 章）によってほぼ一定の濃度に保たれる．血糖濃度を一定範囲に保つために動物は，食餌から摂取したグルコースを**グリコーゲン glycogen** に変えて肝臓および筋肉中に蓄積し，必要に応じてグルコースに戻す仕組みを持っている．

　グルコースのグリコーゲンへの蓄積は，図 9.9（a）に示す過程で行われており，グルコースはグルコース 6-リン酸とグルコース 1-リン酸を経て UDP-グルコースとなり，グリコーゲン合成酵素によって既存のグリコーゲンの末端に付加されることによって保存されている．

　グリコーゲンは，血糖の保持や組織におけるエネルギーの要求に応じて末端にあるグルコースが，グリコーゲンホスホリラーゼの作用を受けてグルコース 1-リン酸として切り離される（図 9.9（b）右）．この切断は枝分かれの多い多糖であるグリコーゲン（☞ 第 7 章）の多くの枝の端で同時に進めることが可能であり，必要に応じてグルコースを速やかに供給することができる．

　グリコーゲンは，肝臓と筋肉に蓄積されているが，肝臓のグリコーゲンは血糖

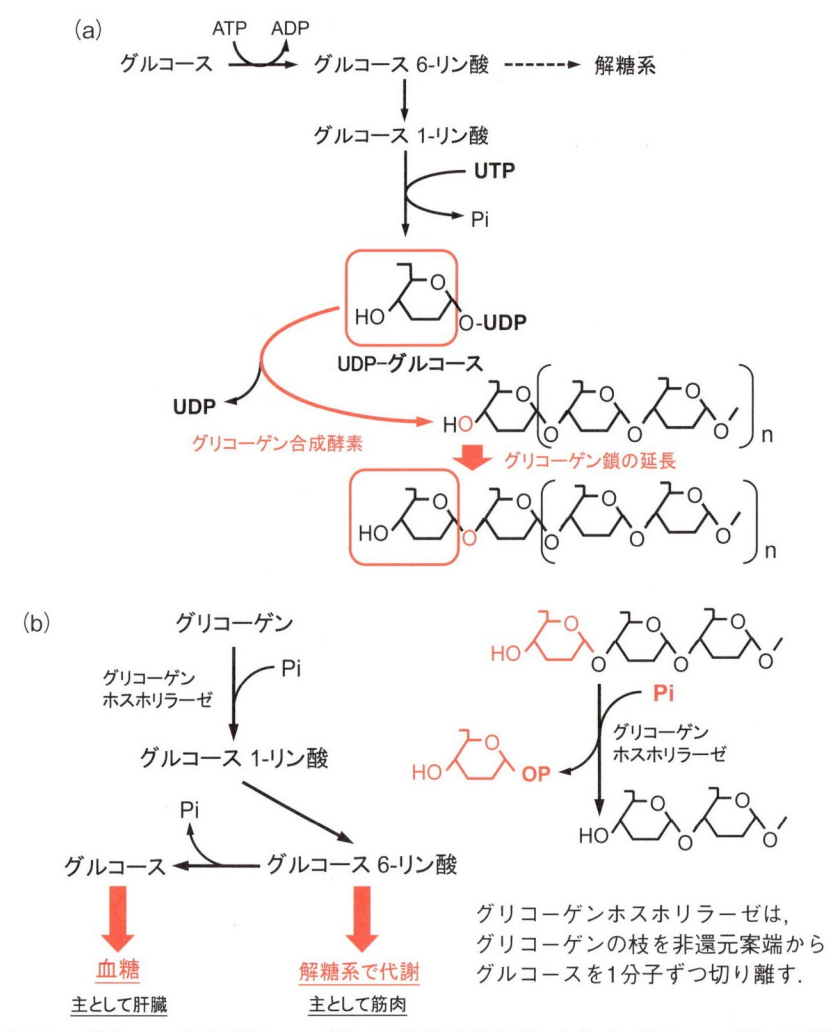

図 9.9　グルコースをグリコーゲンに蓄積する過程（a）とグリコーゲンに蓄積したグルコースを利用する過程（b）の概要

を維持する役割，筋肉のグリコーゲンは運動などに必要なエネルギー源となるグルコースを速やかに供給する役割を持っている．このため，肝臓におけるグリコーゲンの分解は，血糖低下に伴うグルカゴンの指令（☞ 第10章参照）によって活性化されたグリコーゲンホスホリラーゼ（☞ 第8章，図8.7 参照）によって行われ，グリコーゲンから切り出されたグルコース 1-リン酸はグルコース 6-リン酸を経てグルコース変換されて血糖となる（図9.9（b））．一方，筋肉が蓄積しているグリコーゲンは，筋肉運動に伴うエネルギーの要求に合わせて分解され，グルコース 1-リン酸はグルコース 6-リン酸を経て解糖系で代謝され，ATP の生成に使われている（図9.9（b））．

　このように，動物は食餌として摂取したグルコースをグリコーゲンとして貯蔵し，必要に応じて利用する仕組みを持っている．しかし，グリコーゲンは，食餌から得たグルコースを必要に応じて使うためのバッファーとなるもので，長期間

にわたって保持する貯蔵エネルギー源としての役割は持ってはいない.

9.5　エネルギー源としての脂質の役割

　動物が長期間にわたるエネルギー源の貯蔵に用いている物質は，トリアシルグリセロール（☞ 第7章）である.

9.5.1　エネルギー源としての脂肪酸

　トリアシルグリセロールはグリセリンと長鎖脂肪酸のエステルで（☞ 第7章），エネルギー源として重要な意味を持つものは**脂肪酸**である. 脂肪酸は，リパーゼの作用によってトリアシルグリセロールから遊離され，**β 酸化 β-oxidation** と呼ばれる代謝経路でアセチル CoA に変換される（図 9.10）. β 酸化の詳細は，専門科目（☞ **薬学教育モデル・コアカリキュラム C6(5)③ 1 に準拠**）で学ぶことになるので，ここでは以下の概要を理解しておく.

　脂肪酸は，ATP のエネルギーを使って補酵素 A と結合してアシル CoA（脂肪酸 CoA）となり，β 酸化によってアセチル CoA に分解され，TCA 酸回路と呼吸鎖電子伝達系によって二酸化炭素と水に分解され，酸化的リン酸化によって ATP を産生する. また，β 酸化に含まれる 2 つの脱水素反応（図 9.10）で生じる $FADH_2$ および $NADH + H^+$ からも酸化的リン酸化によって ATP が産生される.

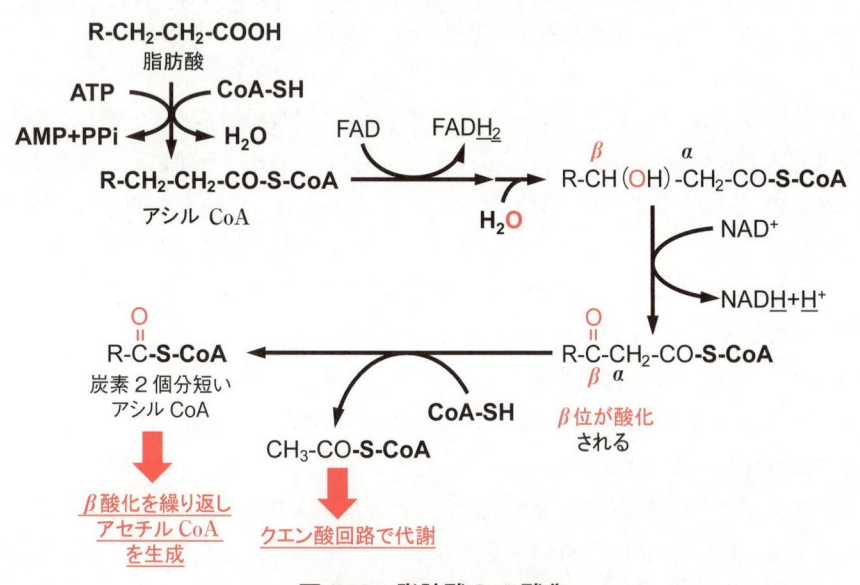

図 9.10　脂肪酸の β 酸化

　偶数炭素の脂肪酸は，（炭素数の1/2 − 1）回の β 酸化によって，炭素数の
1/2 相当のアセチル CoA を生じる．これらに基づいて，脂肪酸のエネルギー源
としての意味を考えてみよう．

　先に学んだように，1 分子のアセチル CoA は，TCA 回路と酸化的リン酸化に
よって代謝されると平均 10 分子の ATP を生じる．また，1 サイクルの β 酸化
（図 9.10）で生じる $FADH_2$ および $NADH + H^+$ からは，平均 4（1.5 + 2.5）分子
の ATP が得られる．したがって，炭素 18 個の飽和脂肪酸であるステアリン酸
が完全に酸化分解されると（10 × 9）+（4 × 8）= 122 分子の ATP が得られるこ
とになる．しかし，β 酸化に先立つ脂肪酸のアシル CoA への活性化に
$ATP → AMP + PPi$（ピロリン酸）という反応によるエネルギー供給が必要で，
AMP を ATP に戻すためには 2 分子の ATP が消費されるので，ステアリン酸 1
分子の酸化で蓄積できる ATP の平均値は 122 − 2 = 120 分子ということになる
[注10]．

9.5.2　脂肪酸のエネルギー源としての効率

　前項で計算したように，ステアリン酸 1 分子の酸化で得られる ATP は平均値
として 120 分子であり，1 モル（284 グラム）のステアリン酸からは平均値とし
て 120 モルの ATP が得られる．これに対して，1 モル（180 グラム）のグルコ
ースから得られる ATP は，平均値として 32 モルであり，1 グラム当たりの平均
ATP 産生量は，ステアリン酸が 0.42 モル，グルコースが 0.18 モルとなる．また，
酸化代謝によって生じる水の量についても，グルコースが 1 モル当たり 6 モル
（1 グラム当たり 0.033 モル）であるのに対して，ステアリン酸では 1 モル当たり
18 モル（1 グラム当たり 0.063 モル）となる．このように，脂肪酸は単位重量当
たりの ATP と水の産生量がグルコースより大きいため，動物の貯蔵エネルギー
源として適しているものと考えられる．

9.5.3　貯蔵エネルギー源となる長鎖脂肪酸の合成

　動物は，アセチル CoA から長鎖脂肪酸を合成し，これをトリアシルグリセロ
ールの形で皮下や内臓の脂肪組織に貯蔵している．アセチル CoA はミトコンド
リア内でピルビン酸の酸化的脱炭酸反応によって生成されるが，長鎖脂肪酸の合
成は細胞質内で行われる．このため，長鎖脂肪酸の合成材料となるアセチル
CoA は，クエン酸に変換してミトコンドリア膜を通過させ，細胞質でアセチル
CoA とオキサロ酢酸[注11]に戻している．

　アセチル CoA を出発材料とする脂肪酸合成は，以下の ①〜⑤ の流れで進む
（図 9.11）．先ず，① アセチル CoA が二酸化炭素と結合して炭素 3 つのマロニル
CoA となる．次いで，② マロニル基がアシルキャリアタンパク質（ACP）に転

注10）不飽和脂肪酸では，
不飽和結合の位置で図 9.10
の FAD を補酵素とする脱
水素反応が行われないた
め，酸化的リン酸化による
ATP 産生が若干減少する．

注11）このオキサロ酢酸
は糖新生の原料となる場合
とリンゴ酸に変換されてミ
トコンドリアに戻る場合と
がある．

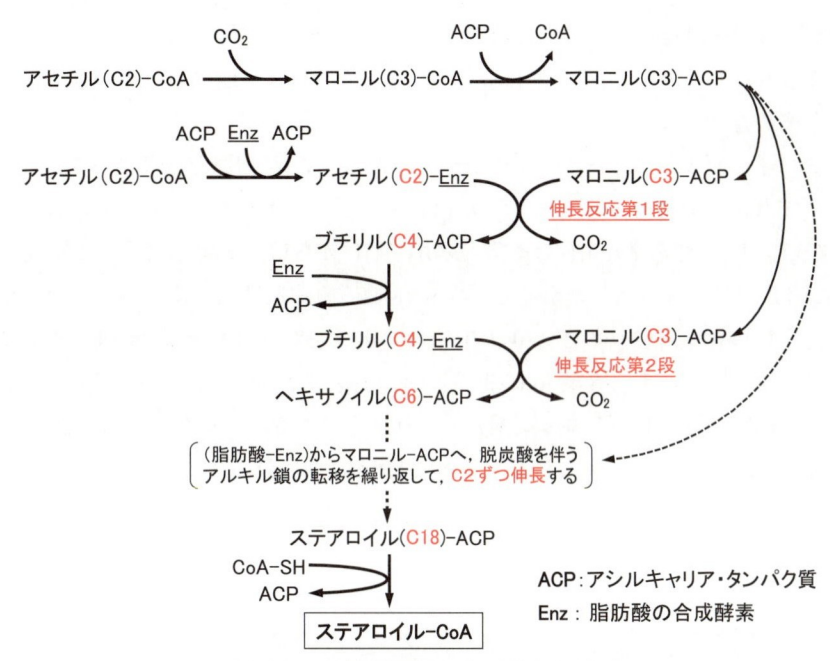

図 9.11　長鎖脂肪酸の合成過程の概要

移してマロニル ACP を生じる．このようにして生じた ACP に結合したマロニル基（C3）がアルキル鎖を伸ばす単位となる．これとは別に，③ アセチル CoAのアセチル基（C2）が，ACP の仲介で脂肪酸合成酵素の活性部位に結合する（アセチル-Enz）．④ アセチル-Enz のアセチル基（C2）は，脱炭酸を伴ってマロニル ACP（C3）に転移し，炭素2つ分伸長したブチリル ACP（C4）を生じる（C2 + C3 − CO₂ = C4：伸長反応第1段）．以後，⑤ ブチリル ACP がブチリル-Enz となり，マロニル ACP に転移することでヘキサノイル ACP（C6）を生じる（C4 + C3 − CO₂ = C6：伸長反応第2段）というように，この過程を繰り返してアルキル鎖を炭素2つ分ずつ伸長して，飽和の長鎖脂肪酸が合成される．このようにして目的の長さまでアルキル鎖が伸長すると，アシル ACP のアシル基が，CoA に転移してアシル CoA（長鎖脂肪酸 CoA）となる（図 9.11）．

9.5.4　脂肪酸の貯蔵〜トリアシルグリセロールの合成

　貯蔵エネルギー源として合成された長鎖脂肪酸 CoA の脂肪酸は，解糖系の中間体であるグリセルアルデヒドリン酸から生じるグリセロールリン酸と結合してホスファチジン酸となる．次に，ホスファチジン酸からリン酸が除かれて生じたジアシルグリセロールに，もう1分子の長鎖脂肪酸 CoA から脂肪酸が結合してトリアシルグリセロールとなり，脂肪組織に輸送されて貯蔵される．

9.5.5　ケトン体

　飢餓状態など，糖質が不足した状態で脂肪酸の β 酸化が亢進すると，大量に生じたアセチル CoA を TCA 回路で処理するために必要なオキサロ酢酸が不足する．このような状態になると，過剰のアセチル CoA 同士が反応して，ケトン体と総称される一群の化合物を生じる．ケトン体についての詳細は，専門科目（☞ **薬学教育モデル・コアカリキュラム C6(5)④1 に準拠**）で学ぶことになる．

9.6　エネルギー源としてのアミノ酸

　アミノ酸はタンパク質の構成素材であり，血液中などの体内に分布している遊離のアミノ酸（アミノ酸プール）とタンパク質とが動的平衡状態にある．アミノ酸プールのアミノ酸は，タンパク質の構築や様々な生理活性物質の素材として用いられる一方，アミノ基が除かれてピルビン酸やオキサロ酢酸，α ケトグルタル酸などの TCA 回路の中間体に代謝される．このようなアミノ酸は，次項で取り上げる動物体内でグルコースを合成する糖新生の原料となることから，糖原性アミノ酸と呼ぶ[注12]．アミノ酸代謝についての詳しい具体的な内容は，専門科目（☞ **薬学教育モデル・コアカリキュラム C6(5)⑤**）で学ぶことになる．

　エネルギー源として糖質が十分に摂取できている状態では，アミノ酸がエネルギー源として積極的に利用されることはないが，飢餓状態など糖質が欠乏する状況になると，タンパク質を分解してアミノ酸をエネルギー源として利用するようになる．長期間の飢餓状態にある個体が著しく痩せてしまうのは，筋肉のタンパク質をアミノ酸に分解してエネルギー源として消費しているためである．

注12) タンパク質を構成する 20 種類のアミノ酸のうち，ロイシン，リジン以外のアミノ酸はグルコースに変換できる糖原性アミノ酸である．

9.7　動物が行うグルコースの合成〜糖新生

　動物は通常食餌から摂取した糖質をエネルギー源として生命活動を行っており，飢餓などで十分な糖質の摂取が困難な条件下では，脂肪組織などに貯蔵しているトリアシルグリセロールの脂肪酸をエネルギー源として ATP を得ている．しかし，神経細胞や赤血球などは，エネルギー源としてグルコースを必要とするので，動物は飢餓時にグルコースを作り出す仕組みを持っている．

　この仕組みは，糖原生アミノ酸に由来するピルビン酸をホスホエノールピルビン酸に変換し，そこから解糖系をほぼ逆行する代謝でグルコースを合成する代謝

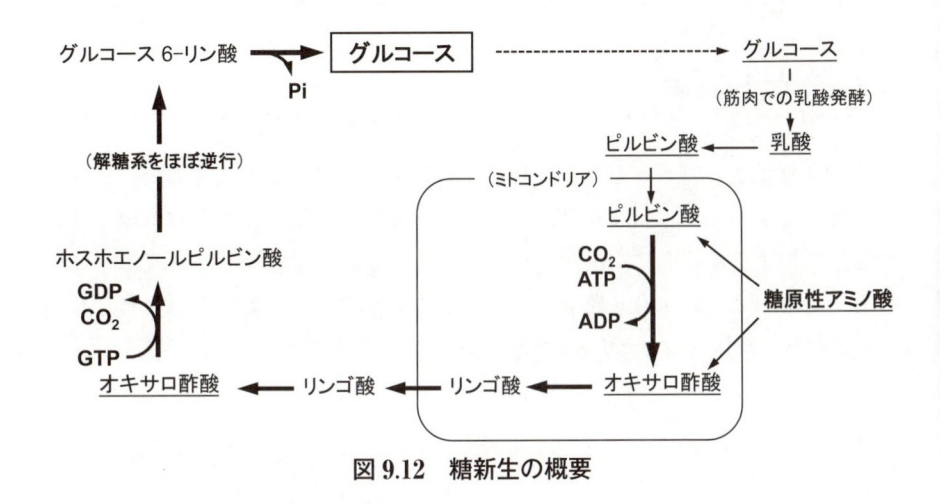

図 9.12　糖新生の概要

経路（図 9.12）であり，**糖新生 gluconeogenesis** と呼ばれる．ピルビン酸のホスホエノールピルビン酸への変換ではオキサロ酢酸を必須の中間体とする代謝によっており，ピルビン酸のオキサロ酢酸への変換はミトコンドリアで行われ，オキサロ酢酸のホスホエノールピルビン酸への変換とそれ以後の代謝（ほぼ解糖系を逆行する）は細胞質で行われる．このため，糖新生ではミトコンドリア膜を通過できないオキサロ酢酸をいったんリンゴ酸に変換して細胞質に運び，細胞質で再びオキサロ酢酸に戻している（図 9.12）．この他，糖新生には激しく運動した筋肉で生じた乳酸を肝臓に運んでピルビン酸に変換し，グルコースに戻す役割も持っている（図 9.12）．糖新生の詳細については専門科目（☞ **薬学教育モデル・コアカリキュラム C6(5)② 5.** に準拠）で学ぶことになる．

9.8　まとめ

① 生命活動のエネルギーは太陽光エネルギーであり，動物は，緑色植物が光合成によって光エネルギーを化学エネルギーに固定したグルコースを摂取し，これを酸化分解する際に遊離されるエネルギーで生命活動を行っている．

② 生物は，グルコースの酸化分解で遊離されるエネルギーを化学エネルギーとして ATP に保存し，エネルギーが必要な化学反応を進める際には，エネルギーを ATP から供給している．

③ グルコースの酸化によって放出されるエネルギーを効率よく ATP に蓄積するため，生物はグルコースを解糖系，TCA 回路，呼吸鎖電子伝達系という 3 つの代謝経路によって代謝し，1 分子のグルコースから平均 32 分子の ATP を得ている．

④ 解糖系は，グルコース（C6）を 2 分子のピルビン酸（C3）に分解する過程，

　TCA 回路はピルビン酸（C3）を脱水素反応によって 3 分子の二酸化炭素に酸化する過程，呼吸鎖電子伝達系は脱水素された水素（$H^+ + e^-$）の電子（e^-）を酸素に伝達して水を生成する過程を受け持っている．

⑤ グルコースの酸化によって遊離されるエネルギーの ATP への蓄積の大部分は酸化的リン酸化によって行われており，1 分子のグルコースから得られる平均 32 分子の ATP のうち 28 分子は酸化的リン酸化によるものである．残る 4 分子は基質レベルのリン酸化によるものであるが，酸素がない条件で進む解糖系による発酵の過程では 2 分子の ATP しか得られない．

⑥ 動物は，摂取したグルコースをグリコーゲンとして肝臓に蓄え，必要に応じて血糖を供給している．また，運動に必要なエネルギーを速やかに供給できるよう，グリコーゲンは筋肉にも蓄えられている．

⑦ 動物は，長鎖脂肪酸を含むトリアシルグリセロールを貯蔵エネルギー源として脂肪組織に蓄積している．脂肪酸は β 酸化，TCA 回路，および呼吸鎖電子伝達系で代謝され，酸化的リン酸化で ATP を産生する．脂肪酸からは単位重量当たりグルコースの 2 倍を超える ATP が得られるため，貯蔵エネルギー源に適している．

⑧ 糖原性アミノ酸は，ピルビン酸や TCA 回路の中間体に代謝されてエネルギー源となり，食餌からグルコースが得られなくなると，タンパク質を分解して得たアミノ酸から糖新生によってグルコースを合成する．

第 **10** 章

哺乳動物の器官や組織の間で行われる情報交換

　生命の基本単位は細胞であり，生命活動は細胞内で整然と進む化学反応に支えられている．しかし，多細胞生物である哺乳動物は，"命あるもの"として意味を持つ単位である個体として生命活動を行うために器官や組織の働きを調和させる仕組みを持つ必要がある．本章では，この仕組みを支えている哺乳動物の器官や組織の間で行われる情報交換の概要を学ぶ．

10.1　哺乳動物の活動と器官や組織の間での情報交換

　個体の活動には，複数の器官や組織の協調した働きと，そのための情報交換が不可欠である．例えば，私達が歩く時には，眼や耳などで捉えた周囲の状況を脳が判断し，その判断に基づいて脳が出す指示によって，足の筋肉をはじめとする複数の運動器官が"歩く"という目的に向けて調和した動きをする．すなわち，哺乳動物が運動する際には，① 周囲の状況を捉える器官，② その状況を把握し，状況に応じた動きを指示する器官，③ その指示に従って体を動かす器官が連携して働いており，それらの間で迅速で緊密な情報交換が行われている．また，運動のように眼に見える動きではないが，生活している環境が生命活動に適した条件から外れた条件になった場合でも，個体内部の状態（内部環境）を生命活動に適した状態に保つ，ホメオスタシス homeostasis の仕組みを持っている．この仕組みを働かせるためには，① 内部環境を監視する器官，② 検知された内部環境を把握し，状況を判断して必要な修正を指示する器官，③ その指示に従って内部環境を好ましい方向に変化させる器官の間で，様々な情報の交換を行うことが必要である．

　このように，哺乳動物が生命機能を維持するには，① 個体の様々な状態を感知し，② その状態を把握し，状況を判断して適正な方向に変化させることを指示し，③ その指示に従って適正な状態を保つ方向に変化させるため，それぞれの役割を担う複数の器官や組織の間での情報交換（図 10.1）が不可欠となる．こ

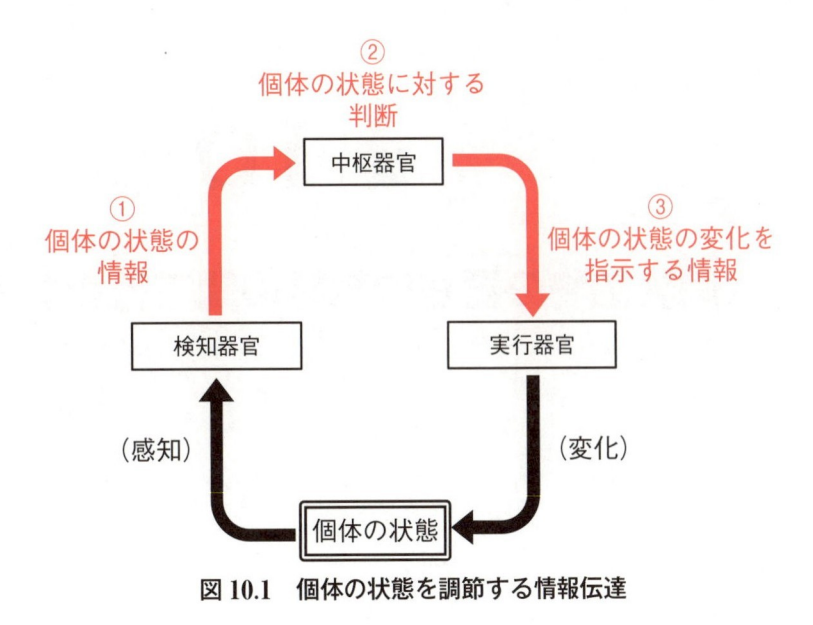

図 10.1　個体の状態を調節する情報伝達

のため，哺乳動物には器官や組織の間での様々な情報伝達の仕組みが備わっている．（☞ これらの仕組みについての具体的で詳しい内容は，**薬学教育モデル・コアカリキュラム C6(6)，C7(2)に準拠する専門科目で学ぶ**．）

10.2　信号分子による情報伝達と医薬品の働き

注1) 組織を構成している細胞間での情報交換は，隣接する細胞間におけるギャップ結合（☞ 第 2 章，図 2.8）を介した細胞内化学物質の交換によって行われているが，ここでは対象にしない．

注2) このような仕組みで作用する医薬品についての各論は，**薬学教育モデル・コアカリキュラム E1(1)**およびそれから発展する様々な項目に準拠する医療薬学の専門科目で学ぶ．

　器官や組織の間での情報交換は，**化学的な仕組み**によって行われており，情報を伝達する役割は**信号分子**と呼ばれる様々な化学物質が担っている[注1]．信号分子は，情報を発信する器官や組織の細胞が分泌する化学物質であり，情報を受信する標的器官や組織の細胞が持つ**受容体タンパク質**と特異的に結合することで情報を伝達している．

　医薬品には，器官や組織の間で行われている情報交換が化学的な仕組みによっていることを利用するものが多く，① 信号分子と受容体との相互作用に変化を与えるもの，② 信号分子の量を変化させるもの，③ 信号分子を模した作用を示すものなどの他，④ 信号分子そのものを医薬品として用いることもある[注2]．したがって，哺乳動物が個体の機能を調節するために備えている**情報交換の化学的な仕組み**を理解することは，医薬品が働く仕組みを学ぶ上での必須事項となる．

10.3　器官や組織の間での情報交換に関わる三方式

　器官や組織の間での情報の伝達は，情報を送る側の器官や組織の細胞が分泌する信号分子が情報を受け取る器官や組織の**標的細胞**が持つ受容体と結合することで行われる．器官や組織の間で行われる情報の伝達は，信号分子を目的の器官や組織に運ぶ仕組みによって，① **傍分泌**，② **内分泌**，③ **神経伝達**の三方式に分類される（図 10.2）.

10.3.1　傍分泌

　傍分泌 paracrine は，① 情報を発信する細胞が周囲の組織液中に信号分子を分泌し，② 信号分子が組織液の中を拡散して標的細胞の受容体に結合するという単純な仕組みによって情報を伝達する（図 10.2(a)）．これは，離れた細胞同士が情報を交換する最も簡単な仕組みで，信号分子を標的細胞に運ぶための特別な機構を必要としない．しかし，情報を伝達できる範囲は，信号分子が受容体に結合できる濃度を保って拡散できる範囲に限られるので，傍分泌は遠く離れた組織や器官への情報伝達には用いられていない．

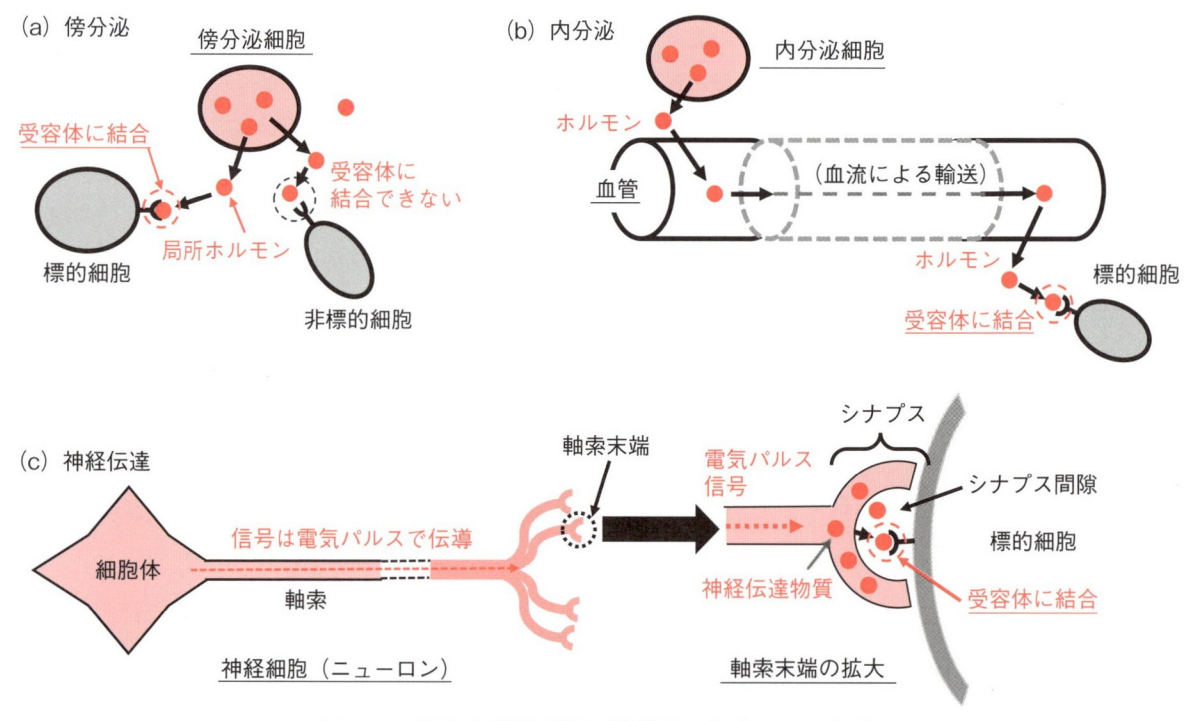

図 10.2　器官や組織の間で情報を伝える 3 つの方式

傍分泌に関わる信号分子は**局所ホルモン**と総称され，有機アミン類などの低分子からタンパク質にまで至る多様な分子があり，それぞれの役割や分泌する細胞によって，**オータコイド autacoid** と**サイトカイン cytokine** に分類される[注3]．多くの場合，オータコイドやサイトカインは，分泌した細胞の近傍にある別の細胞に作用してその細胞の働きに変化を与えることでその機能を発揮しているが，分泌した細胞それ自体に作用するものもあり，これを**オートクリン autocrine** と呼んでいる．

10.3.2　内分泌

内分泌 endocrine は，① 情報を発信する器官の細胞が信号分子を血液中に分泌し，② 信号分子が血流によって運ばれ，③ 情報を受ける器官や組織の標的細胞の受容体に結合するという仕組みで情報を伝達する（図 10.2（b））．したがって，内分泌では離れた器官や組織に情報を伝達することができる．信号分子を分泌する器官と細胞を**内分泌器官**（**内分泌腺**）および**内分泌細胞 endocrine cell** と呼び，信号分子を**ホルモン hormone** と呼んでいる（表 10.1）．また，血流を介して他の組織や器官に情報を伝える信号分子は，内分泌器官以外の肝臓，腎臓，心臓などや，消化管粘膜，脂肪組織などからも分泌されており，それらの信号分子もホルモンに含めている（表 10.1）．

内分泌では，信号分子であるホルモンが血流によって全身に運ばれ，それぞれのホルモンと特異的に結合する受容体を持つ標的細胞に作用することによって，離れた器官や組織へ情報を選択的に伝えることができる．しかし，ホルモンが目的の器官や組織に運ばれる速さは血流速度に依存することになるので，情報の迅速な伝達には適さない．また，ホルモンは血流によって全身に分布するので，目的とする器官や組織にだけ情報を集中して伝えるという効率性も高くはない．

10.3.3　神経伝達

神経伝達 neurotransmission は，情報処理に特化した細胞である**神経細胞**によって行われる．神経細胞は，**細胞体**から長く伸びた情報を伝達する構造である**軸索**を持ち，"神経による情報処理の単位" として機能するため**ニューロン neuron** と呼ばれる．ニューロンの**軸索末端**は情報を伝える標的細胞の受容体と狭い空間を隔てて接続しており，この構造を**シナプス synapse** と呼んでいる（図 10.2（c））．

神経伝達は，① ニューロンの細胞体が発信した情報が，② 軸索を**電気信号**として伝わり，③ 電気信号を受けた軸索末端が信号分子をシナプスの空間に分泌し，④ 信号分子が標的細胞の受容体に結合するという仕組みで行われる[注4]（図 10.2（c））．この仕組みでは，情報を発信する細胞が軸索を伸ばして受容体細胞と

表 10.1　哺乳動物の主なホルモン

分泌器官[*1]	ホルモン名[*1]	標的器官・組織
下垂体前葉	甲状腺刺激ホルモン（TSH）	甲状腺
	副腎皮質刺激ホルモン（ACTH）	副腎皮質
	卵胞刺激ホルモン（FSH）	卵巣
	黄体形成ホルモン（LH）[*2]	卵巣, 精巣
	成長ホルモン（GH）	様々な組織
	プロラクチン（PRL）	乳腺
下垂体後葉	バソプレシン（抗利尿ホルモン）	腎臓（集合管）
	オキシトシン	子宮平滑筋, 乳腺
甲状腺	甲状腺ホルモン（チロキシン, トリヨードチロニン）	様々な組織
	カルシトニン	骨, 腎臓
副甲状腺	パラトルモン	骨, 腎臓
膵臓（ランゲルハンス島）	インスリン	肝臓, 骨格筋, 脂肪組織
	グルカゴン	肝臓
副腎皮質	糖質コルチコイド類（コルチゾールなど）	様々な組織
	鉱質コルチコイド類（アルドステロンなど）	腎臓
	アンドロゲン（デヒドロエピアンドロステロン）[*3]	男性生殖器, 骨格筋
副腎髄質	アドレナリン	循環器, 肝臓, 気管支平滑筋
卵巣	エストロゲン（卵胞ホルモン）	女性生殖器, 乳腺, 骨組織
	プロゲステロン（黄体ホルモン）	女性生殖器
精巣	アンドロゲン（テストステロン）	男性生殖器, 骨格筋
消化管[*4]	ガストリン	胃
	セクレチン	膵臓, 胃
	コレシストキニン	胆のう, 膵臓
	グレリン	視床下部摂食中枢
腎臓[*4]	エリスロポエチン	骨髄（造血細胞）
脂肪組織[*4]	レプチン	視床下部摂食中枢
	アディポネクチン	骨格筋, 肝臓

＊1　視床下部と視床下部ホルモンは含めない.
＊2　間質細胞刺激ホルモン（ISH）とも呼ぶ.
＊3　副腎皮質アンドロゲンとして区別することもある.
＊4　これらの器官は一般に内分泌器官には含めない.

つながり, 軸索を通して電気信号の形で情報を伝えることで, シナプスで接続した標的細胞にだけ情報を瞬時に伝えることができる. しかし, この場合でも, 細胞間の情報伝達は信号分子によって行われており, 神経伝達に関わる信号分子を**神経伝達物質 neurotransmitter** と呼んでいる. また, シナプスには神経伝達物質を速やかに分解する酵素があり, 軸索からの電気信号が止まるとシナプスの神経伝達物質が直ちに分解され, 標的細胞への情報伝達が止まるという仕組みになっている. このような仕組みを持つ神経伝達は, 特定の標的に対して情報を迅速に伝達することができる.

　哺乳動物は，これら 3 つの情報伝達方式をそれぞれの特徴を生かして組み合わせることで，器官や組織の働きを調和させ，内部環境の恒常性を保つとともに，様々な行動を制御している．

10.4　個体機能の調節における 3 つの情報伝達方式の役割

10.4.1　傍分泌の役割

　傍分泌は，信号分子が組織液中を拡散して標的細胞に伝達されるという単純な仕組みであるため，個体全体に関わる運動や恒常性の維持に関わる役割を担ってはいない．しかし，免疫応答に関連したアレルギー反応や炎症反応など，局所的に発生する様々な反応に関わる組織間の情報伝達には，様々なオータコイドやサイトカインが関わっている．

　例えば，免疫反応が起きると，血液中の肥満細胞や好塩基球から代表的なオータコイドであるヒスタミンやセロトニンなどの活性アミン類が放出される．それらは，信号分子として毛細血管の内皮細胞の受容体に結合して，血管拡張や血管透過性亢進を起こす．また，それらが気管支平滑筋の受容体に結合すると，気管支の収縮を起こす．これらの反応はいずれも，典型的なアレルギー症状となっている．また，第 1 章で取り上げた炎症反応の原因物質となるプロスタグランジン類やトロンボキサン類もオータコイドであり，感染や傷害を受けた細胞から放出されると，信号物質として周辺にある細胞の受容体に作用し，炎症につながる様々な反応を惹き起こす．

　傍分泌に関わるもう一方の信号分子群であるサイトカインは，タンパク質性の信号分子であり，免疫系の細胞間で様々な免疫応答の制御に関わる情報伝達を行っている他，特定の細胞の増殖促進や抑制など多様な機能に関わることが知られている．

　(☞ オータコイドやサイトカインによる調節に関わる具体的な問題は，<u>薬学教育モデル・コアカリキュラム C7(2)③④</u>に準拠した専門科目で学ぶ.)

10.4.2　内分泌の役割

　内分泌は，信号分子であるホルモンを血流によって全身に送り届けることができるので，哺乳動物の個体全体に関わる機能の調節を行うことができる．哺乳動物には，脳下垂体，副腎，膵臓，甲状腺，性腺など多くの内分泌器官があり，それらから必要に応じて分泌される様々な種類のホルモンが血流を介して全身に運

ばれ，それぞれのホルモンに特異的な受容体を持つ標的器官の細胞に作用して様々な機能を調節している（表 10.1）．また，内分泌器官ではない肝臓，腎臓，心臓などの器官や消化管粘膜，脂肪組織，筋肉組織などからもホルモンと同じ仕組みで離れた器官や組織に作用を示す様々な信号分子が分泌されている[注5]．表 10.1 に示す主なホルモンとそれぞれの機能に関する具体的な問題は専門科目（☞ **薬学教育モデル・コアカリキュラム C7(1)⑫, C7(2)②** などに準拠）で詳しく学ぶことになるので，ここでは，個体レベルの調節で内分泌系が果している役割の基本を理解することを目的に，哺乳動物が血液中のグルコース濃度を一定範囲に保つ仕組みに関わるホルモンの働きを考えてみる．

第 9 章で学んだように，グルコースはすべての生物の基本的なエネルギー源となる化合物である．哺乳動物は栄養として摂取したグルコースを血流によってあらゆる組織や器官の細胞に供給しており，血液中のグルコース（血糖という）の濃度を一定範囲（ヒトでは 80 ～ 100 mg/dL）に保つための仕組みを持っている（図 10.3）．

食物として糖質を摂取すると，小腸から吸収されたグルコースによって血糖の濃度が上昇するので，食後には次の ①～⑤ の応答が起こり，血糖濃度を一定範囲に保つ．すなわち，① 間脳視床下部にある血糖センサーが血糖濃度の上昇を感知すると，② その情報が自律神経を介して内分泌器官である膵臓ランゲルハンス島の B 細胞に伝えられる．③ B 細胞は，自ら感知した血糖濃度の上昇と自律神経からの情報に反応して血糖低下を指令する情報を伝えるホルモンである**インスリン**を血液中に分泌する．④ 分泌されたインスリンは血流によって全身に運ばれ，肝臓や筋肉などの細胞にある**インスリン受容体**に結合する．⑤ 受容体にインスリンが結合した肝臓や筋肉などの細胞は，血液中からグルコースを取り込んでグリコーゲンに変えて蓄積することで血糖濃度を低下させる．

一方，生命活動に伴ってグルコースが消費されて血糖濃度が低下すると，以下の ①～⑤ の応答が起きて血糖濃度が上昇する．すなわち，① 視床下部の血糖センサーが血糖濃度の低下を感知すると，② その情報が自律神経を介して内分泌器官である膵臓ランゲルハンス島の A 細胞に伝えられる．③ A 細胞は，自ら感知した血糖濃度の低下と自律神経からの情報に反応して血糖上昇を指令する情報を伝えるホルモンである**グルカゴン**を血液中に分泌する．④ 分泌されたグルカゴンは血流によって全身に運ばれ，主として肝臓細胞にある**グルカゴン受容体**に結合する．⑤ 受容体にグルカゴンが結合した肝臓細胞は，細胞内に貯蔵しているグリコーゲンからグルコースを切り出して血液中へ放出することで血糖濃度を上昇させる．

このように，内分泌器官である膵臓ランゲルハンス島が分泌するホルモンであるインスリンとグルカゴンはそれぞれ，血流を介して肝臓や筋肉に血液中のグルコースの取り込みと，血中へのグルコースの放出を指示する情報を伝える役割を果たしており，血糖の濃度の調節では，これら 2 種類のホルモンによる情報伝達

注5）よく知られている例では，腎臓が分泌するエリスロポエチン（骨髄に作用して赤血球数を調節），脂肪組織が分泌するレプチン（摂食中枢に作用して摂食量を調節），心臓が分泌する心房性ナトリウム利尿ペプチド（腎臓に作用して水分排泄を促して血液の水分量を調節）などがある．これら内分泌器官以外の細胞から血液中に分泌されている信号分子もホルモンに分類しており，内分泌器官から分泌されるものと区別するため“内臓ホルモン”と呼ぶこともある．

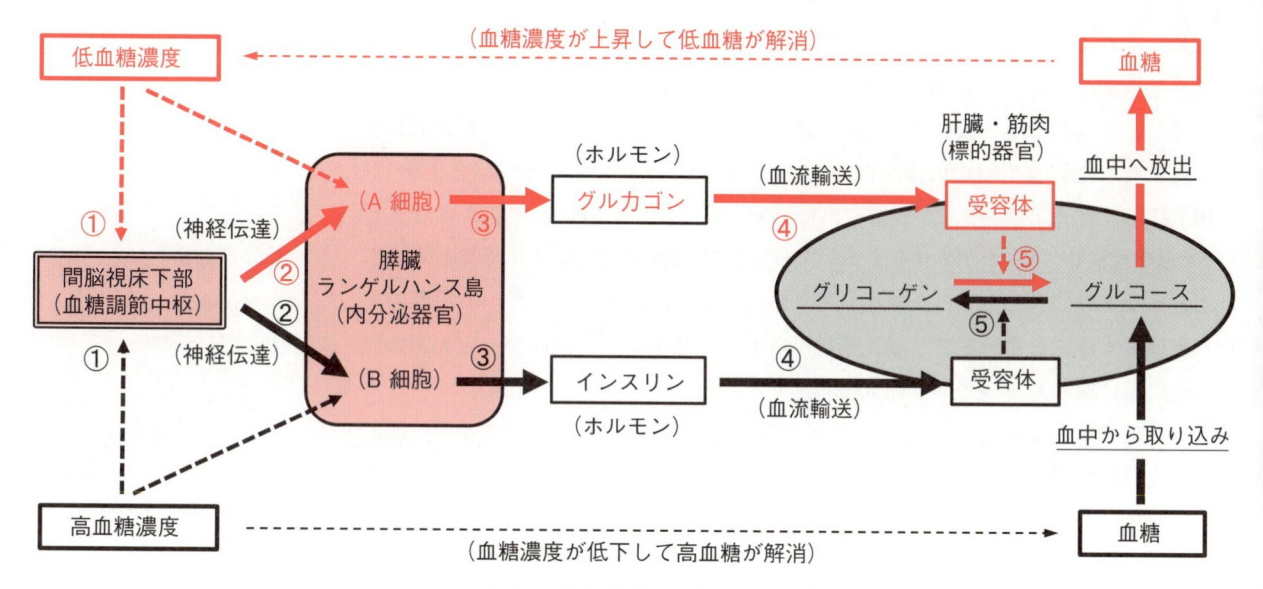

図10.3　血糖濃度を調節に関与する情報の流れ

注6）血糖濃度を上昇させる作用を持つホルモンには，グルカゴン以外に副腎から分泌されるアドレナリンと糖質コルチコイドがあるが，これらのホルモンは緊急事態に対応して血糖濃度を上昇させる役割を担っている．すなわち，アドレナリンは，運動やストレスに対応するエネルギー源となるグルコースを供給するために血糖濃度を上昇させる役割を持つ．一方，糖質コルチコイドは，摂取するグルコースが不足している時，タンパク質からグルコースを作る過程（糖新生）を促すことで血糖濃度を維持する働きをしている．（☞詳しくは**薬学教育モデル・コアカリキュラムC7(2)⑥**に準拠した専門科目で学ぶ．）

が重要な役割を果たしている[注6]．

　この例で明らかなように，ホルモンによる調節では，① 調節する対象（この例では血糖濃度）の状態を監視している中枢（この例では視床下部）が発信した指令によって内分泌器官（この例では膵臓ランゲルハンス島）がホルモンを分泌し，② 分泌されたホルモンが血流によって全身に運ばれて末梢器官（この例では肝臓と筋肉）の受容体に情報を伝え，③ 受容体が受け取ったホルモンの情報によって末梢器官が調節対象の状態を変える働き（この例では，血中へのグルコースの放出と取り込み）を行うという一連の過程によって調節の目的を達成している（図10.3）．このような仕組みで行われるホルモンによる調節では，信号分子であるホルモンを血流によって全身に送り個体内に分散して存在する組織と器官の働きを調和させることができるので，個体全体としての恒常性維持に有効である．

10.4.3　神経伝達の役割

　内分泌系による調節は個体全体に関わる恒常性を維持するための有効な仕組みであるが，情報の伝達が血流によって行われるため，特定器官の動きを迅速に制御する目的には適さない．これに対して，神経系による調節では，情報が標的となる器官や組織に直接伝えられるため，迅速で選択的な調節が可能になる．ヒトの感覚神経や運動神経を構成しているニューロン[注7]には1m程度に達する軸索を持つものがあるが，情報は軸索上を電気信号として伝わるので，離れた器官に素早く情報を伝達することができる．

　神経系の迅速な情報伝達による調節の特徴を直感的に理解できる例は，熱いも

のに触れると瞬間的に手を離す反射運動である（図 10.4）．この運動は，① 皮膚の感覚受容器で "熱" を感知した感覚神経のニューロンが発信した "熱い" という情報が軸索を伝導して脊髄に伝わり，② この情報を受けた脊髄のニューロン[注7] が "危険" と判断し，手の筋肉に接続する運動神経のニューロンに "手を離す" よう指示する情報を発信し，③ この情報が運動神経の軸索を伝導して実行器である骨格筋に伝わり，④ 手を離す動作を起こすという，一連の情報処理とそれに対応した反応が瞬時に行われることによって実現されている（図 10.4）．このように，哺乳動物が素早い運動を行うことができるのは，神経系による情報伝達の働きによっている．

　神経系による哺乳動物の個体機能の調節には，上の例のような感覚器官が捉えた情報に基づく迅速で反射的な運動の制御に加えて，脳などの中枢神経系が行っている，膨大な情報を処理して，記憶，感情，知性などを含めた個体の行動を統括する役割がある．ニューロンは，別のニューロンの軸索とシナプスで接続できる受容体を多数持っており，複数のニューロンから情報を受けることができる（図 10.5（a））．複数のニューロンとシナプスで接続しているニューロンは，それぞれのニューロンから伝達された情報を処理し，その結果をそのニューロンの情

注7）感覚神経と運動神経のニューロンは，それぞれの役割に適した構造の違いがあり，それぞれ感覚ニューロン，運動ニューロンと呼ばれる（図 10.4）．また，脊髄で両者をつなぐニューロンは軸索が短く，介在ニューロンと呼ばれる（図 10.4）．（☞ 詳しくは，**薬学教育モデル・コアカリキュラム C7(1) ④ 1.** に準拠した専門科目で学ぶ．）

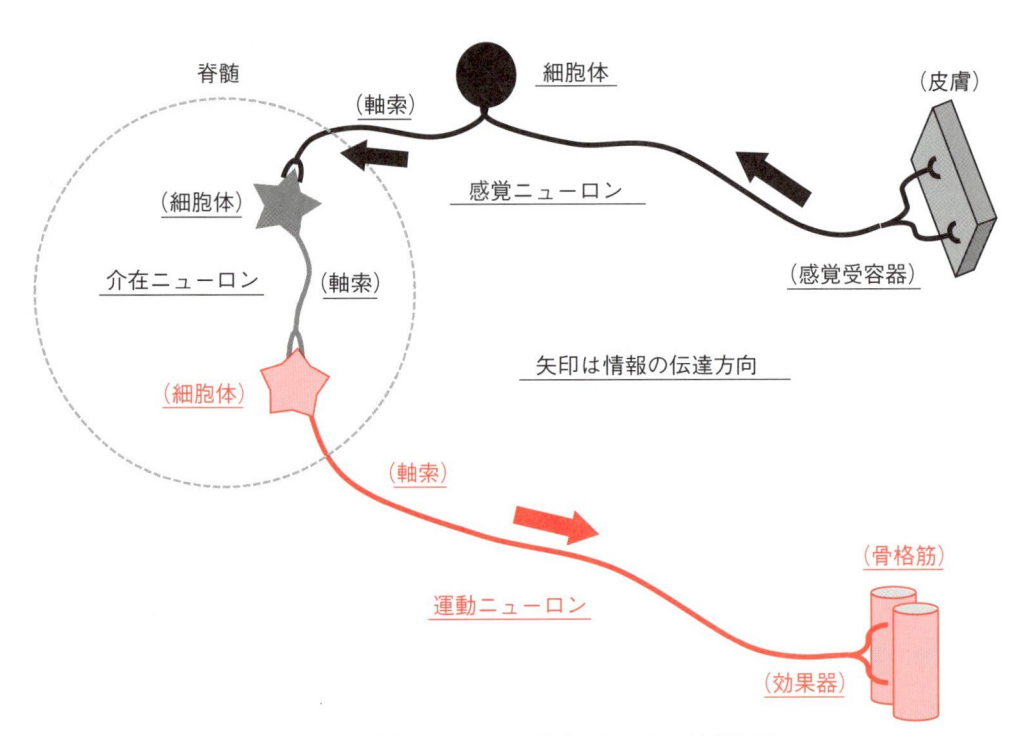

図 10.4　反射運動を起こす神経系による情報伝達

皮膚の感覚受容器が感じた刺激（熱や痛みなど）を感覚ニューロンの細胞体が判断し，その結果に関わる情報を軸索に出力する．その情報を接続している脊髄の介在ニューロンが判断し，対応する動きを指令する情報を軸索に出力する．この情報を受けた運動ニューロンは必要な動きを実行する骨格筋などの効果器に動きを指示する情報を伝える．これらの情報伝達の大部分は，ニューロンの軸索を電気パルス信号で伝わるため，迅速な反射が可能になる．

報として軸索に出力する（図 10.5(a)）．脳に象徴される哺乳動物の中枢神経系は，このような形で膨大な数のニューロンが連結して構築されたネットワークである（図 10.5 (b)）．このネットワークでは，個々のニューロンが，接続している複数のニューロンから受け取った信号を解析し，その結果を軸索から別のニューロンに伝達する作業を行っており，多数のニューロンがこの作業を繰り返すことで中枢神経系は様々な情報処理を行っている．(☞ <u>中枢神経系の構造と機能に関する具体的知識は</u>，**薬学教育モデル・コアカリキュラム C7(1)④ 1.** <u>に準拠した専門科目で学ぶ</u>.)

　ヒトを特徴づける高度な精神活動，野生動物が備えている俊敏な運動など，哺乳動物が示す高度で迅速な個体活動の制御に関わる調節は，膨大な数のニューロンによって構築された神経系の働きによって支えられおり，内分泌系や傍分泌に関わる細胞の働きも中枢神経系による高次の調節を受けている．哺乳動物の生命活動を統合して制御する神経系は，図 10.6 に示すような構成となっている．(☞ 哺乳動物の中枢神経系の構成に関わる詳しい具体的な知識は**薬学教育モデル・コアカリキュラム C7(1)④**，**および C7(2)①** に準拠した専門科目で学ぶ.)

　これら神経系における情報伝達に関わる神経伝達物質には，表 10.2 に示す代表的なものを含めて，数十種類の化合物が知られている．それらの中で，アセチルコリンとノルアドレナリンは，末梢神経を含む多くのシナプスにおける信号の伝達に関わっているが，それら以外の化合物は脳内での様々な形の情報処理に関わっている．脳内伝達物質と呼ばれるそれらの化合物の具体的な役割などについては，専門科目（☞ **薬学教育モデル・コアカリキュラム C7(2)①** に準拠）で学ぶが，中枢に作用する薬物（向精神薬や麻薬類）の多くは，脳内伝達物質の働きに影響

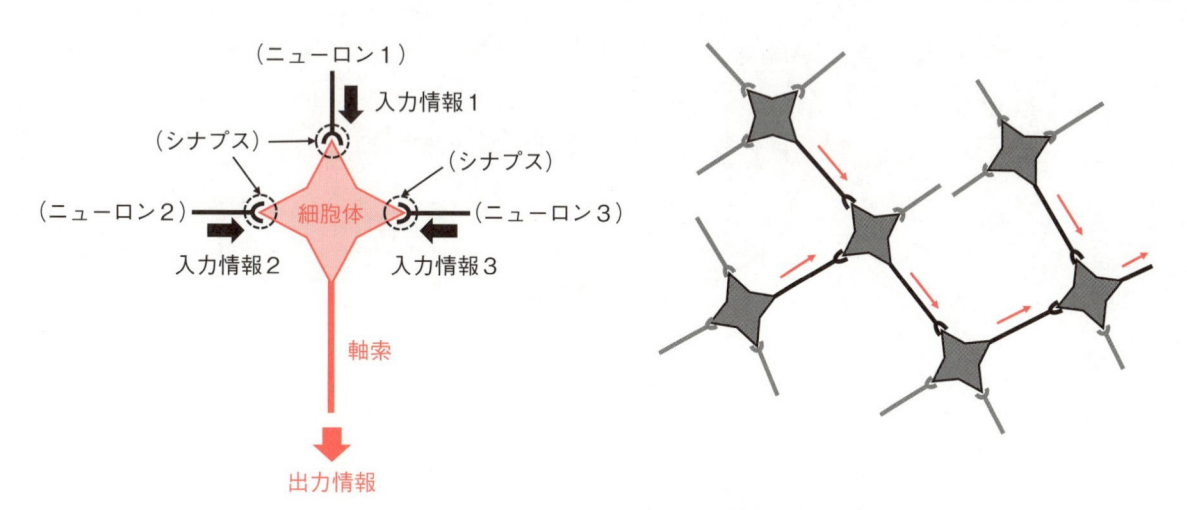

(a) ニューロン同士の連結
ニューロンは，別のニューロンの軸索末端とシナプスを形成する多数の受容体を持ち，複数のニューロンから情報を受け入れ，それらを細胞体で処理し，新しい情報を軸索を通して次のニューロンに出力している．

(b) 中枢神経系を構成するニューロンのネットワーク
多数のニューロンで，構成されるネットワークでは，情報は個々のニューロンで，判断され，ネットワーク上を決まった方向（赤色矢印）に伝達されて処理される．

図 10.5　ニューロンのネットワーク

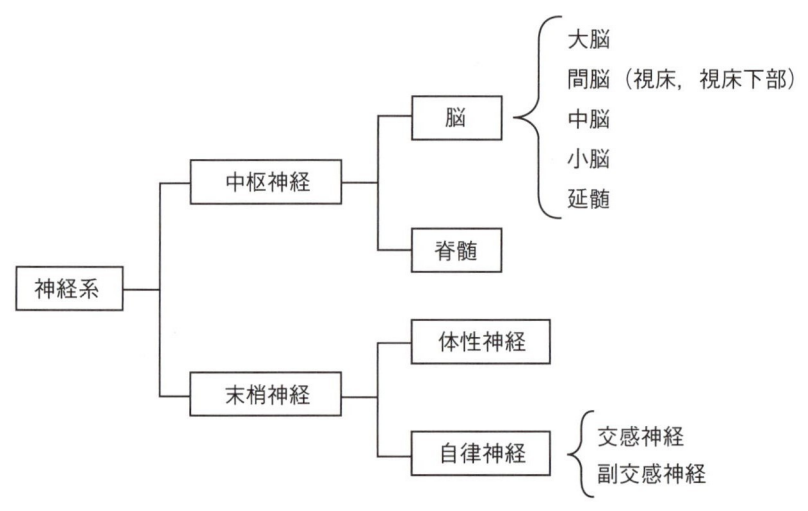

図 10.6　哺乳動物における神経系の構成

表 10.2　主な神経伝達物質

分　類	化合物名	役　割
アセチルコリン		運動神経，自律神経節前繊維，副交感神経節後繊維の信号伝達，脳内情報伝達（興奮）
アミン類	ノルアドレナリン	交感神経節後繊維の信号伝達，脳内の情報伝達（興奮）
	セロトニン	脳内の情報伝達（調節）
	ヒスタミン	脳内の情報伝達（調節）
	ドーパミン	脳内の情報伝達（興奮）
アミノ酸類	γ-アミノ酪酸（GABA）	脳内の情報伝達（抑制）
	グルタミン酸	脳内の情報伝達（興奮）
ペプチド類	β-エンドルフィン	脳内の情報伝達（抑制）
	エンケファリン	脳内の情報伝達（抑制）

を与えることでその作用を発揮している．

10.5　ホメオスタシス

　哺乳動物には，外部の環境が変動しても個体内部の状態（内部環境）を生命活動に適した状態に保つ仕組みであるホメオスタシス（図 10.7（a））が備わっている．ホメオスタシスは，個体の内部環境の自動制御機能であり，内分泌系と自律神経系の協力によって無意識的に行われている．

　ホメオスタシスでは，体内環境に関わる様々な要素に生命機能に適した基準となる設定値があり，設定値から "ずれ" が生じるとそれを設定値に戻す役割を持つ機構が働く仕組みになっている（図 10.7（b））．この仕組みは，体内環境の状

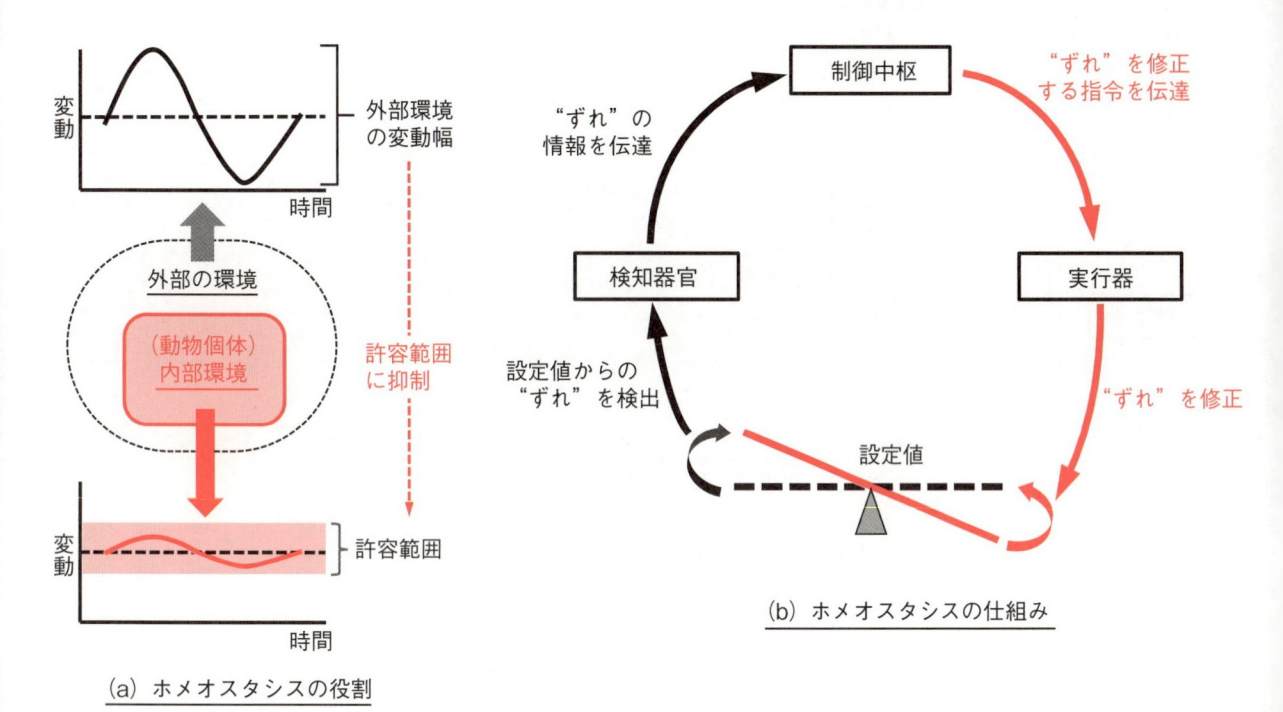

(a) ホメオスタシスの役割

(b) ホメオスタシスの仕組み

図 10.7　ホメオスタシスの概念

態を検知する器官，検知した状態の設定値との"ずれ"を判断する制御中枢，および制御中枢からの指令によって体内環境を変化させる末梢の実行器との情報交換によって実現されている．ここでは，哺乳動物が備えている典型的なホメオスタシスである体内の温度と水の含量を一定範囲に保つ仕組みを例にして，"ずれ"を検出する中枢器官と検出された"ずれ"を修正する末梢の実行器との情報交換によって，ホメオスタシスが実現されることを理解する．

10.5.1　体内温度を一定に保つ仕組み

　哺乳動物は恒温動物であり，ヒトでは体内温度が37℃前後に保たれている．体内温度は，エネルギー代謝で発生する熱（グルコースの酸化代謝で遊離されるエネルギーは，約65％が熱になる）や筋肉の収縮に伴って発生する熱と，体表面や呼気から環境中へ放出される熱とのバランスによって決まる．

　哺乳動物では，環境の温度が活動に適した範囲にあれば，普通の活動に伴って発生する熱が体内温度の維持に必要な熱より多いので，基本的には放出する熱を調節することによって体内温度を一定に保っている．すなわち，哺乳動物は，体内温度を間脳視床下部における循環血の温度によって検知し，循環血温度と設定値とのずれを自律神経によって放熱を行う実行器に伝え，放熱量を調節している（図10.8）．放熱を行う実行器は種によって異なっており，ヒトの場合は，皮膚の表面に分布している毛細血管からの放熱と汗による気化熱とによっている．この

仕組みでは，視床下部が感知した血液の温度に関する情報を，交感神経を介して皮膚表面の毛細血管と汗腺に伝え，毛細血管の拡張・収縮と汗腺からの汗の分泌量を制御している．

　しかし，環境温度が著しく低下すると体表面から環境中へ失われる熱が増えて，放熱の仕組みを止めても体内温度が下がってしまう状況が生じる．視床下部は，体内温度が下がり続けるような状況にあることを感知すると，自律神経を介して骨格筋に震えを起こして熱を産生するよう指令する情報を送るとともに，内分泌腺である甲状腺と副腎に対してチロキシンやアドレナリンの分泌を指示する情報を送る．これらのホルモンは，肝臓や筋肉におけるエネルギー代謝を活性化し，熱の産生を増して体内温度を維持する（図10.8）．このように，体内温度を上昇させるために2つの異なる仕組みが用意されており，体内温度の低下が代謝反応の低下をもたらして体内温度がさらに低下してしまうという負の連鎖を止める多重調節機構となっている．

　このように，恒温動物の生命活動にとって必須の機能である体内温度の調節は，血液の温度を監視している中枢である視床下部と，放熱と熱の産生を行う末梢の実行器（皮膚，肝臓，筋肉）との，神経系と内分泌系の働きによる的確な情報交換によって行われている[注8]．

注8）哺乳動物は，これらの仕組みに加えて，環境の温度を変える様々な行動によって体内温度の維持に努めている．熱中症や低体温症は，これらの調節が正しく機能できないことによって発症する．

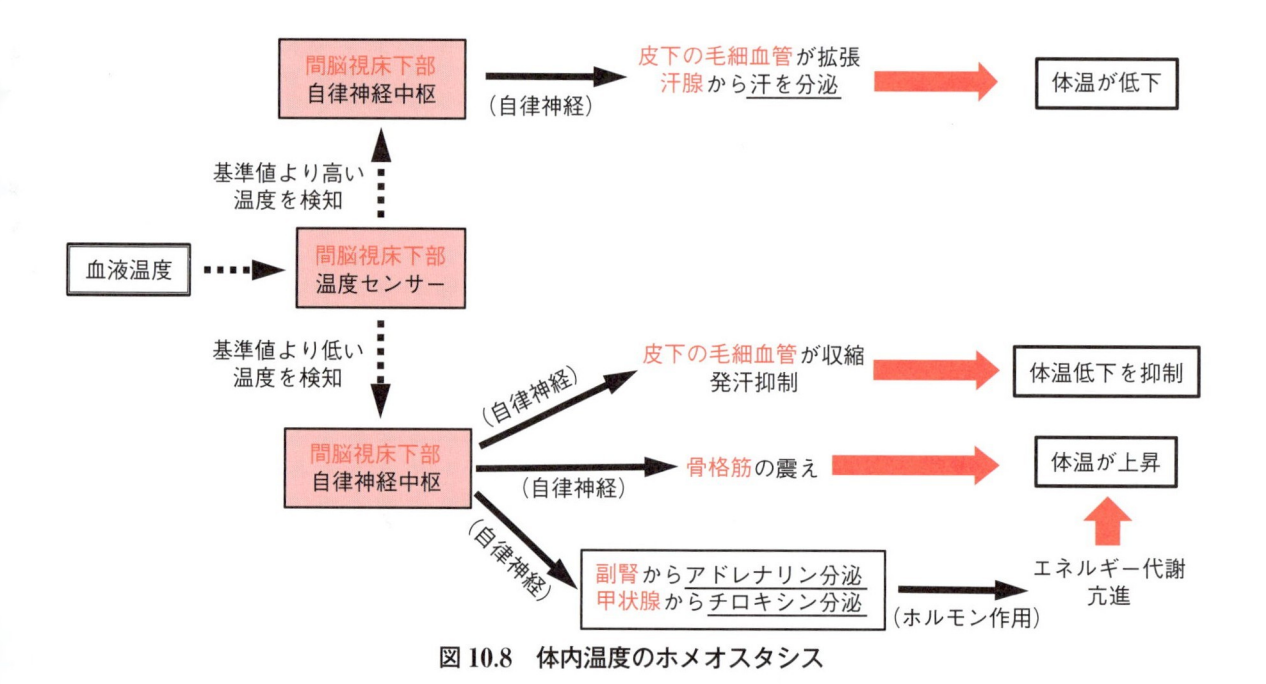

図 10.8　体内温度のホメオスタシス

10.5.2　体内に保有する水の量を調節する仕組み

　体内に存在する水には生命機能に必要な様々な物質が溶けており，体液や細胞

質はそれらの濃度に依存した浸透圧を持っている．細胞壁のない細胞を持つ哺乳動物では，細胞外の体液と細胞質の浸透圧と等しくしておく必要があるため，体内に保有する水の量を調節して体液の浸透圧を一定に保っている．

　哺乳動物は，体内に保有する水の量を腎臓で調節している．腎臓は，血液を糸球体でろ過した原尿から有用物質を血液中に回収し，不要物や有害物を尿として排泄している[注9]．尿として排泄される水の量は原尿のごく一部（ヒトの場合は1/100 程度）で，原尿の水の大部分は集合管壁の細胞の働きによって血液に戻されている．体内に保有する水の量は上記の過程で原尿から血液に戻す水の量によって調節されている．

　哺乳動物は，血液の浸透圧を間脳視床下部で監視しており，浸透圧の上昇を感知すると，視床下部から自律神経を介して内分泌器官である下垂体に対してホルモンであるバソプレシンの分泌を指令する情報が伝達される．下垂体後葉から分泌されたバソプレシンは，血流によって腎臓に送られて標的である集合管壁の細胞の受容体に結合し，集合管内を流れる原尿から集合管を取り巻く毛細血管内の血液への水輸送を促進させる[注10]．その結果，血液に含まれる水の量が増えて浸透圧が下がって正常に戻ることになる（図 10.9）．

　哺乳動物は，飲料水や食物から水を摂取し，尿や呼気中などの水蒸気などとして水を排出しているが，体内に保持する水は尿の量によって調節されている．水分を摂りすぎると尿量が増し，大量に汗をかくと尿量が減るとことは日常的に体験するが，これは血液など，体液の浸透圧を正しく保つことが目的であり，上で概説した仕組みによって，視床下部，下垂体，腎臓の間で自律神経系と内分泌系を介して行われる情報交換によって，体内の水の量を一定範囲に調節する仕組み

注9）腎臓は，血液の様々な状態を正常に保つ役割を持つ複雑な臓器であり，腎臓の構造と機能に関する詳しい知識は**薬学教育モデル・コアカリキュラム C7 (1) ⑩, (2) ⑦**に準拠した専門科目で学ぶ．

注10）集合管で原尿から血液中へ水分子を選択的に輸送する役割は，アクアポリンと呼ぶ膜タンパク質が担っている．バソプレシンは，細胞膜にあるアクアポリンの数を増やすことで，原尿から血液への水分子の輸送量を増加させている．

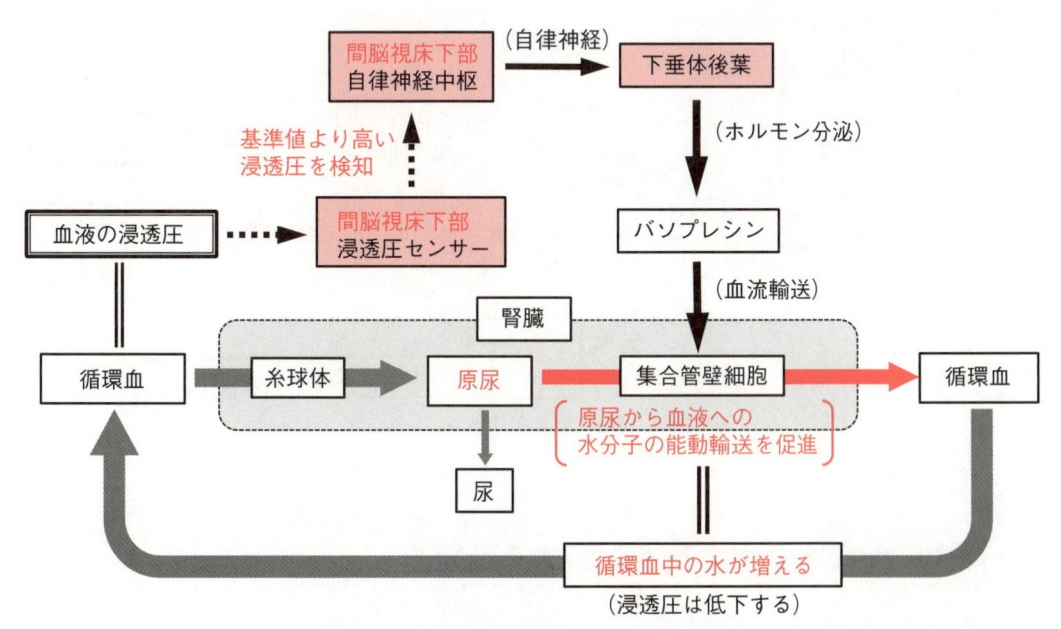

図 10.9　体内の水含量のホメオスタシス

によるものである．

　これら 2 つの例で気づくように，ホメオスタシスは，体内環境の変化を検知するセンサーとして機能する器官と，対応する体内環境を能動的に変化させる器官とが，自律神経系と内分泌系とを介して緊密な情報交換を行うことによって実現されている．

10.6　まとめ

① 哺乳動物では，個体としての生命機能を維持するという目的に向けて，器官や組織の働きを調和させる必要があり，離れた器官や組織の連携に必要な情報交換を行う仕組みとして，傍分泌，内分泌，神経伝達が発達している．

② 哺乳動物が持つ，ホメオスタシス，様々な運動，さらには精神活動などの複雑で高度な能力は，情報交換に関わるそれらの仕組みが協調して働くことによって実現されている．

③ これらの仕組みに関わる情報の伝達は，オータコイド，サイトカイン，ホルモン，神経伝達物質などの信号分子によって行われ，情報の正確さは信号分子と情報を受ける器官や組織の受容体との特異的な結合という化学的な機構によって保障されている．

④ 医薬品には，器官や組織間での情報伝達に関わる化学的な仕組みを利用しているものが多く，信号分子の受容体に作用するもの，信号分子の量を変化させるもの，信号分子と同じ作用を示すものなど，多くの医薬品が器官や組織の間での情報伝達に影響を与えることで薬効を発揮している．

第 11 章

医薬品の作用と生命機能との関係

　化学物質である医薬品の大部分は，ヒトの生命機能を支えている化学的な仕組みに様々な影響を与えることで薬効を発揮している．本章では，本書による学習のまとめとして，生命機能の化学的な仕組みについての知識が，医薬品の作用を理解するために必須であることに気づくため，4〜5年次の実務実習で学ぶことになる代表的な8疾患[注1]に対するよく知られた治療薬を例にして，薬の作用と生命機能との関係を簡単に紹介しておこう．

注1）薬学教育モデル・コアカリキュラムでは，薬物治療に関してすべての学生が実務実習で学ぶべき「代表的な疾患」として，"がん"，"高血圧症"，"糖尿病"，"心疾患"，"脳血管障害"，"精神神経疾患"，"免疫・アレルギー疾患"，"感染症"の8つを上げている．

11.1　がんの治療薬

　がん（悪性腫瘍）は，遺伝子変異によって増殖の調節機能を失った細胞の異常増殖が原因となって起きる疾患であり，古くから広く使われているがんの治療薬は，細胞増殖に不可欠なゲノムDNAの複製（☞ 第5章）を様々な仕組みで阻害することによって薬効を発揮している．

　シスプラチンは，DNAのプリン塩基（アデニン，グアニン）と直接反応する化学物質で，DNA鎖のプリン塩基の間に架橋構造を形成してDNAの半保存的複製を阻害する．

　フルオロウラシルは，チミンの構造類体であり，DNAの複製材料となるデオキシチミジル酸の生合成を阻害することでDNAの合成を阻害している．

　メトトレキサートは，DNAの複製材料となるデオキシリボヌクレオチドの生合成に必要な補酵素である葉酸の活性化を行う酵素を阻害することでDNAの複製を阻害している．

　これらのがん治療薬はいずれも，DNAの複製を阻害することを作用機構としており，様々ながん細胞の増殖を抑制できる．しかし，標的となるDNAの複製機構（☞ 第5章）は，がん細胞と正常細胞の間に違いはない．このため，DNAの複製を阻害する医薬品の有効性と安全性は，がん細胞と正常細胞との増殖速度の違いに依存することになり，骨髄や毛根などの増殖速度が大きい正常細胞の増

殖抑制に伴う副作用が避けられない．そこで，がん細胞の増殖をできるだけ選択的に抑制することで，有害作用をできるだけ少なくするようにした医薬品として様々な分子標的薬が開発されている．

　チロシンキナーゼ阻害剤（ゲフィチニブ，イマチニブなど）は，細胞の成長因子を活性化する酵素であるチロシンキナーゼが細胞の種類で異なることを利用して，特定のがんの細胞のチロシンキナーゼを選択的に阻害するよう工夫した化合物である．

　抗体医薬品（リッキシマブ，トラスツズマブ，ニボルマブなど）は，がん細胞やその増殖抑制に関わる細胞の機能に特異的なタンパク質を抗原として認識する抗体を医薬品とするものであり，抗原となるタンパク質を持つ細胞にだけ選択的に作用する．

　これらの医薬品はいずれも，様々ながん細胞の増殖や抑制に関わるタンパク質や機構に関する研究の成果から生み出された医薬品である．

11.2　糖尿病とその薬物治療

　糖尿病は，遺伝的要因や生活習慣が原因となって発症することが多い疾患である．膵臓ランゲルハンス島 B 細胞の障害でインスリンが分泌できない I 型糖尿病以外は，インスリンによる血糖の調節機構（☞ 第 10 章）が様々な原因で正常に働かなくなっていることによってひき起こされる．このため，インスリンそのものを治療薬とする I 型以外の糖尿病に対する治療薬は，糖代謝の仕組み（☞ 第 9 章）とインスリンによる糖代謝の調節機構（☞ 第 10 章）に作用することによって薬効を発揮している．

　スルフォニル尿素系薬（トルブタミドやグリメピリドなど）は，膵臓ランゲルハンス島の B 細胞が，血糖濃度を感知してインスリンを分泌を調節する仕組み（☞ 第 10 章）に作用して，B 細胞からのインスリン分泌を促進することで血糖を下げている．

　ビグアナイド系薬（メトフォルミンなど）は，グルコースの産生（糖新生）（☞ 第 9 章）を抑制することによって肝臓から血中へのグルコース放出を減らすとともに，血中から筋肉へのグルコースの取り込みを促して血糖を下げている．

　このように，糖尿病の治療薬は，I 型糖尿病に対するインスリンの使用を別にすれば，血糖調節に関わるインスリン分泌の仕組みや，肝臓におけるグルコース代謝の調節機構に作用している．

11.3　循環器疾患の薬物治療

　心疾患，脳血管障害など，循環器に関わる疾患に対する治療薬の多くは，血管壁や心筋の活動状態の調節に関わるイオンチャネル・タンパク質（☞ 第4章）や受容体タンパク質（☞ 第4章）の働きに影響を与える化合物である．

　カルシウム拮抗薬（ニフェジピンやアムロジピンなど）は，血管壁のカルシウムチャネル・タンパク質の働きを遮断する．これによって血管が拡張することで血圧を下げるとともに梗塞を予防することができるので，心筋梗塞や脳梗塞の予防を兼ねた高血圧症の治療薬として多用されている．

　ナトリウムチャネル遮断薬（ジソピラミドなど）は，心筋のナトリウムチャネル・タンパク質を阻害することで不整脈の原因となる心筋細胞の活動電位の異常を改善する．

　β 受容体遮断薬（プロプラノロールなど）は，心筋の収縮力を強めるアドレナリン β_1 受容体の働きを阻害し，心筋収縮力，心拍数，心拍出量を抑制して狭心症を改善する効果を発揮する．

　これらの医薬品の標的となるイオンチャネルや受容体は循環器以外の細胞にも存在して様々な機能に関与しているので，イオンチャネルや受容体に働く薬はそれらの機能にも影響して副作用を起こすこともある[注2]．

　アンジオテンシン変換酵素阻害剤（カプトプリルなど）は，血圧を高める作用を持つアンジオテンシン II を生成するアンジオテンシン変換酵素を阻害することで血圧を低下させる．アンジオテンシン II が血圧を高める仕組みは腎臓におけるナトリウムイオンの再吸収機能に関係しており，アンジオテンシン変換酵素阻害剤は，血管や心筋への直接作用ではなく，腎臓による血液のホメオスタシス調節に関わる機構（☞ 第10章）を利用して血圧を下げている．

　スタチン系コレステロール低下薬（プラバスタチン，シンバスタチンなど）は，動脈硬化の原因となる血管内皮へのコレステロール沈着をひき起こす高コレステロール血症を改善することで血管障害を予防する医薬品として用いられる．スタチン系コレステロール低下薬は，アセチル CoA からコレステロールを生合成する代謝経路に含まれる HMG-CoA 還元酵素を阻害することで，コレステロールを低下させている．

　これらの例でわかるように，循環器疾患の治療薬が働く仕組みには，血管や心筋の働きに直節関与するイオンチャネルやアドレナリンなどの受容体や，腎臓における血液のホメオスタシス，コレステロールの生合成系など様々な機能が関わっている．

注2）例えば，アドレナリン β 受容体には，β_1，β_2 の2種類があり，心筋の β_1 受容体は心筋の収縮力を強めるが，気管支や血管では β_2 受容体が平滑筋の弛緩を起こしている．プロプラノロールは β_2 受容体も阻害するので，気管支平滑筋の弛緩を抑制して気管支喘息を悪化させる．

11.4　免疫・アレルギー疾患の薬物治療

　免疫・アレルギー疾患の治療に用いられる薬物には，抗ヒスタミン薬，免疫抑制薬，抗炎症薬などがある．

　抗ヒスタミン薬（ジフェンヒドラミン，フェキソフェナジンなど）は，アレルギー性鼻炎，アトピー性皮膚炎，蕁麻疹などのアレルギー症状を抑えることを目的とする薬物治療に多用される．抗ヒスタミン薬は，標的細胞のヒスタミン H_1 受容体を阻害してアレルギー症状の原因となるヒスタミンの作用を遮断して不快な症状を抑制する．しかし，ジフェンヒドラミンなどの第一世代の抗ヒスタミン薬は脳内に移行して神経細胞のヒスタミン H_1 受容体をも抑制することで，眠気や注意力低下に代表される副作用を示す．これに対して，フェキソフェナジンなど第二世代の抗ヒスタミン薬は，脳内への移行が少なく眠気や注意力低下に代表される副作用が生じにくい．ヒスタミンの受容体には，H_1 の他に H_2 があるが，抗ヒスタミン薬は H_2 受容体に作用しない[注3]．このように，抗ヒスタミン薬の働きには，ヒスタミン受容体の性質や役割の違いが関係している．

　糖質コルチコイド（コルチゾールとその誘導体）は，ホルモンとして様々な遺伝子の発現に影響を与えており，免疫機能に関わるサイトカイン（☞ 第 10 章）の産生に関わる遺伝子を抑制する働きを**免疫抑制薬**[注4] として利用している．また，炎症物質の産生に関わる酵素（ホスホリパーゼ A_2 とシクロオキシゲナーゼ）の遺伝子を抑制する作用を抗炎症薬（**ステロイド系抗炎症薬**）としても利用している．

　非ステロイド系抗炎症薬（アスピリン，インドメタシンなど）は，アラキドン酸を炎症物質（プロスタグランジン類）に変換するシクロオキシゲナーゼを阻害して炎症物質の産生を抑制することで抗炎症作用を発揮する．

　これら二種類の抗炎症薬については，本書の第 1 章で取り上げたように，炎症性物質の産生を抑制するという最終目的は同じであっても，その作用の仕組みが異なるため，有効性や副作用に違いが生じることになる．

注3）ヒスタミン H_2 受容体は，胃の粘膜からの胃酸の分泌に関与しており，ヒスタミン H_2 受容体を遮断するシメチジンなどの H_2 遮断薬は，胃酸分泌の抑制薬として用いられる．

注4）免疫抑制薬には，糖質コルチコイド以外にも様々な化合物が用いられる．

11.5　精神神経疾患の薬物治療

　精神神経疾患の治療に用いられる薬には，抗うつ薬，睡眠薬，抗精神病薬など，様々な種類があるが，その多くはシナプスにおける信号伝達機構（☞ 第 10 章）に影響を与えることでその作用を発揮している．

　抗うつ薬（イミプラミン，ミアンセリンなど）は，中枢神経のノルアドレナリン受容体やセロトニン受容体に作用してシナプスにおけるノルアドレナリンやセロトニンの濃度を高めることで作用を発揮している．

　睡眠薬（ニトラゼパム，トリアゾラムなど）の多くは中枢神経の GABA 受容体を活性化し，中枢神経の活動を抑制することで効果を発揮する．

　抗精神病薬（メプロバメート，クロルジアゼポキシドなど）は，中枢神経のドーパミン受容体とセロトニン受容体を遮断することでその作用を発揮し，統合失調症などの治療に用いられる

　オピオイド（モルヒネ，フェンタニルなど）は，中枢神経のオピオイド受容体に作用することによって鎮痛作用を発揮することを利用して，末期がんなどに表れる激しい疼痛の緩和に用いられる．

　このように，精神神経疾患の薬物治療薬の作用には，多様な神経伝達物質とそれらの分泌と受容に関わる様々な機構が関与している．

11.6　感染症の薬物治療

　感染症治療薬の中核となっている抗菌薬は，病原性細菌の増殖を阻害することを主要な作用機構としている．

　β ラクタム系抗生物質（ペニシリン，メチシリンなど）は，細菌細胞壁の骨格となる成分であるペプチドグリカンの合成を阻害して細胞壁の形成を阻止することで，細菌の増殖抑制や溶菌による殺菌作用を示す．

　アミノグリコシド系抗生物質（カナマイシン，ストレプトマイシンなど），**テトラサイクリン系抗生物質**（テトラサイクリンなど），**マクロライド系抗生物質**（エリスロマイシン，クラリスロマイシンなど），および**クロラムフェニコール**は，細菌のリボゾームに選択的に作用してタンパク質合成を阻害することによって，細菌の増殖を抑制する．

　キノロンおよび**ニューキノロン系抗菌薬**（ナリジクス酸，オフロキサシンなど）は，細菌の DNA 複製に必要な酵素である DNA ジャイレースを阻害することによって細菌の増殖を阻害する．

　サルファ剤（スルファニルアミド，スルファメトキサゾールなど）は，代謝拮抗薬として細菌の DNA 合成に必要な補酵素である葉酸の生合成を止めることで細菌の増殖を抑制している．

　これらの抗菌薬の作用に共通していることは，細菌の生命活動にとって必須となる機能を阻害して増殖を強く抑制するにもかかわらず，ヒトの細胞機能への影響が少ないことである．これは，抗菌薬が原核生物である細菌と真核生物であるヒトの細胞構造や生命維持機能に関わる基本的な違い（☞ 第 1，2 章）を利用し

ていることによっている．

　真菌による感染症に対しては，抗菌薬に匹敵するような有効な治療薬はまだ開発できていない．その理由は，真菌がヒトと同じ真核生物であるため，真菌の増殖を阻害するような薬物は，ヒトの細胞に対しても影響を与えてしまうことが少なくないことによっている．また，ウイルスによる感染症に対しても細菌感染症薬のように広く有効な治療薬が得られていない．その理由は，ウイルスが増殖に宿主の様々な仕組みを利用していることによっている．これらの事実からわかるように，感染症治療薬の有効性と安全性には，病原体とヒトとの細胞増殖の仕組みの違いが関わっており，感染症治療薬を有効かつ安全に使用するためには，細胞増殖の機構に関する知識が必要になる．

11.7　おわりに

　薬学では多くの生物系の専門知識を学ばねばならない．

　本章で典型的な例を紹介したように，医療に用いる薬には，ヒトの生命機能に関わる様々な化学的な仕組みに影響を与える化学物質や，真核生物であるヒトの機能には影響を与えず原核生物である病原細菌にだけ作用するような化学物質が用いられている．

　薬の専門家として臨床の場で活躍する医療人としての国家資格を与えられる"薬剤師"は，化合物としての薬を理解するとともに，薬が作用する対象であるヒトを含む哺乳動物と病原体となる微生物の生命機能の仕組みを化学的な視点に立って理解していることが求められ，それらは薬学教育モデル・コアカリキュラムの C6「生命現象の基礎」，C7「人体の成り立ちと生体機能の調節」，および C8「生体防御と微生物」に準拠する専門科目で学ぶことによって得られる．薬学で生物系の基礎科目を学習することに関わるこのような意義を，1年生の時期に気づいておいてほしい．

日本語索引

外 国 語 索 引